看图学

KANTUXUE

QIDONG

WEIXIU JINENG

气动维修技能

陆望龙　编著

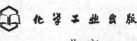

化学工业出版社

·北京·

内 容 简 介

本书以"用图说话"的方式，结合大量图表及生动形象的语言、比喻来阐述气动维修技能，主要介绍各种气动元件的外观、工作原理和内部结构等基本知识，各种气动元件、气动回路的故障分析与排除、拆装和修理方法等基本技能。

希望广大从事气动维修工作的读者从中受益，能够逐步成为一个既有知识又有技能的"高级气动维修人才"。

图书在版编目（CIP）数据

看图学气动维修技能/陆望龙编著. —北京：化学工业出版社，2021.3

ISBN 978-7-122-38471-3

Ⅰ.①看…　Ⅱ.①陆…　Ⅲ.①气动设备-维修-图解②气压系统-维修-图解　Ⅳ.①TH138-64

中国版本图书馆 CIP 数据核字（2021）第 026059 号

责任编辑：黄　滢	文字编辑：陈小滔　张　宇
责任校对：田睿涵	装帧设计：刘丽华

出版发行：化学工业出版社（北京市东城区青年湖南街 13 号　邮政编码 100011）
印　　装：三河市延风印装有限公司
850mm×1168mm　1/32　印张 10¾　字数 299 千字
2021 年 5 月北京第 1 版第 1 次印刷

购书咨询：010-64518888　　　　　售后服务：010-64518899
网　　址：http://www.cip.com.cn
凡购买本书，如有缺损质量问题，本社销售中心负责调换。

定　　价：49.80 元

前言

气动技术和电子技术、液压技术一样，都已成为自动化生产过程的有效技术之一。近年来，随着大规模机器人的发展以及工厂自动化的发展，气动技术在电子、食品、医疗等行业中的应用日益扩大，气动技术在国民经济中已扮演着举足轻重的角色。

气动设备在使用中难免会出现各种故障，出了故障怎么办？为此，笔者根据自己的工作实践和积累的经验，总结归纳，编写了本书。

本书以"用图说话"的方式，用大量的图、表和生动形象的语言、比喻来阐述气动维修技能，介绍了各种气动元件的外观、工作原理和内部结构等基本知识——了解气动元件的工作原理与结构，是处理各种故障的基础；还介绍了各种气动元件、气动回路以及气动系统的故障分析与排除、拆装和修理方法等基本技能——使读者在进行故障分析与排除时能准确地落到实处，抓住主要矛盾。

本书内容通俗易懂，是一本气动维修技能入门的普及读物，相信即使没有学过机械制图的人员也能看懂，并从中学到一些实用知识和技能。但书中也有难点，希望读者能下苦功夫学习，因为气动维修技能需要不断实践和积累。同时也希望广大从事气动维修工作的读者能够逐步成为一个既有知识又有技能的"高级气动维修人才"，这是编写本书的主旨。

感谢刘兴甫、朱皖英、陆桦、马文科、陆泓宇、朱兰英、李刚、罗文果、朱声正等业内专家对本书编写工作的参与、指导和帮助！

陆望龙

目录

第一章

气动维修基础

第一节　概述

一、什么叫气压传动

气动技术是以空气压缩机为动力源，以压缩空气为工作介质，进行能量和信号传递的工程技术，是实现生产过程自动化的有效技术之一。

气压传动的工作原理是利用空压机把电动机或其他原动机输出的机械能转换为空气的压力能（压缩空气）。然后压缩空气在一系列控制元件的作用下，将能量传递至执行元件，通过执行元件把压力能转换为直线运动或回转运动形式的机械能，输出力（直线气缸）或者力矩（摆缸或气马达），从而完成各种动作，并对外做功。

二、气动技术发展概况

早在公元前 2500 年，人们就已开始使用风箱。它是压缩空气实际应用的一种形式。后来人们又将其用于广泛的采矿、冶金和制造行业。到了 19 世纪中叶压缩空气的应用才形成了一定的体系，如气动工具、风镐、管道传递邮件系统、蒸汽机车一些其他辅助系统，在实际生活中的使用也充分说明了这一点。到了 20 世纪中期，气动技术广泛应用在机械化和自动化领域，在电子食品医疗等行业中的应用正在不断地扩大，近年来随着机器人大规模发展以及工厂自动化的发展，已扮演着举足轻重的角色。

气动技术在美国、法国、日本、德国等主要工业国家的发展和研究非常迅速，我国起步较晚，于 20 世纪 70 年代初期才开始组织气动技术的研究和生产。

三、气动技术的应用

气动技术和电子技术、液压技术一样，都成为自动化生产过程的有效技术之一，在国民经济建设中起着越来越大的作用。在许多工业部门，微电子和气动技术的结合应用水平被视为评价行业自动化和现代化程度的一项重要指标。在国外，气动被称为"廉价的自动化技术"。据统计，在工业发达国家中，全部自动化流程中约有30％装有气动系统。90％的包装机，70％的铸造和焊接设备，50％的自动操作机，40％的锻压设备和洗衣设备，30％的采煤机械，20％的纺织机械、制鞋业、木材加工、食品机械，43％的工业机器人有气动系统。美、日、德等国的气动元件销量平均每年增长10％～15％，许多工业发达国家的气动元件产值已接近液压元件的产值，且仍以较大的速度发展。

气动技术广泛应用于工业生产的各个领域，可以实现工件的拾取、吸吊、搬运、定位、夹紧、装配、清洗、清扫、冷却、检测等。

① 生产自动化：机械加工生产线上零件的加工和组装，工件的拾取、吸吊，加工件的搬运、转位、定位、夹紧、进给、装卸装配、清洗、检测等工序，机器人。在包装自动化方面如化肥、化工、粮食、食品、药品、生物工程等实现粉末、粒状、块状物料的自动计量包装，用于烟草工业的自动化卷烟和自动化包装等许多工序，用于对黏稠液体（如油漆、油墨、化妆品、牙膏等）和有毒气体（如煤气等）的自动计量灌装。目前气动控制装置在自动化中占有很重要的地位。

② 电子半导体家电制造行业，例如硅片的搬运，元件的插入与锡焊，彩电、冰箱的装配生产线。

③ 交通运输和汽车制造业：交通运输业中列车的制动闸、货物的包装与装卸、仓库管理和车辆门窗的开闭等；汽车制造业中包括焊接生产线、夹具、机器人、输送设备、组装线、涂装喷漆线、发动机、轮胎生产装备等方面。

④ 轻工业中，电气控制和气动控制装置大体相等。气动控制

在我国已广泛用于纺织机械、造纸和制革等轻工业中，如自动喷气织布机、印刷机械、制鞋机械、塑料品生产线、人造革生产线、玻璃制品加工线等许多场合。

⑤ 气动技术在航空工业中也得到广泛的应用。因电子装置在没有冷却装置下很难在300~500℃高温条件下工作，故现代飞机上大量采用气动装置。同时，火箭和导弹中也广泛采用气动装置。

⑥ 鱼雷的自动装置大多是气动的，因为以压缩空气作为动力能源，体积小、重量轻，甚至比具有相同能量的电池体积还要小、重量还要轻。

⑦ 其他：建筑、钢铁、采矿和化学工业工厂中料门的卸料，化学制品的系统中阀门的操作，薄纸的空气分离和真空提升，医疗牙钻、伐木机的驱动和进给，冶金机械、建筑机械、农业机械，等等。

四、气动系统的组成和主要元件的功用

1. 气动系统的组成

气动系统的组成如图1-1所示。

① 气源装置（动力元件）。这是获得压缩空气的装置。其主体部分是空气压缩机。它将原动机（如电动机）供给的机械能转变为气体的压力能，为各类气动设备提供动力。在一般的压缩空气站中，最广泛采用的是活塞式空气压缩机，在大型压缩空气站中较多采用离心式或轴流式空气压缩机。

② 执行元件。执行元件是将气体的压力能转换成机械能的一种能量转换装置，它包括实现直线往复运动的气缸和实现连续回转运动或摆动的气马达或摆动马达等。

③ 控制元件。控制元件是用来控制压缩空气的压力、流量和流动方向的，以便使执行机构完成预定的工作循环，使执行元件完成预定的运动。它包括各种压力控制阀、流量控制阀和方向控制阀等。

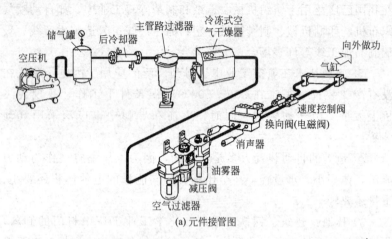

(a) 元件接管图

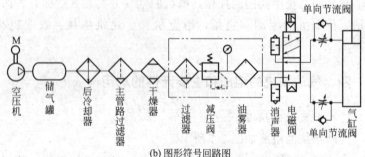

(b) 图形符号回路图

图 1-1 气动系统的组成

④ 辅助元件。辅助元件是保证压缩空气的净化、元件的润滑、元件间的连接及消声等所需的装置，它包括过滤器、油雾器、冷却器、分水排水器、储气罐、干燥器、油雾器及消声器、管接头及消声器等。它们对保持气动系统可靠、稳定和持久工作起着十分重要的作用。

⑤ 工作介质。工作介质即传动气体，为压缩空气。气动系统是通过压缩空气实现运动和动力传递的。

2. 气动系统主要元件的功用

① 空压机：为气动系统提供动力源，相当于液压系统中的液压泵。

② 储气罐：储存压缩空气。其作用是减弱活塞式空气压缩机排出的气流脉动，提高输出气流的连续性及压力稳定性，进一步沉淀分离压缩空气中的水分和油分，保证连续供给足够的气量。储气罐分立式和卧式两种，通常立式的用得较多，其高度为直径的2～3倍，容积约为压缩机每分钟生产能力（排气量）换算成压缩后气体的体积。

③ 后冷却器：空气经压缩机压缩后，其排气温度可达140～170℃，安装于压缩机后的后冷却器（后置冷却器）可降低压缩空气的温度，利于将空压机生成的高温与多水分的压缩空气冷却后除去冷凝水。常用的后冷却器有列管式、散热片式、套管式等。

④ 主管路过滤器：为了去除空压机压缩过的空气中所含的灰尘、水和油等而在主管路的配管部位设置的过滤器。主管路过滤器必须具有最小的压力降和油污分离能力。

⑤ 压缩空气干燥器：对压缩空气进行强制性冷却处理，将压缩空气中的水蒸气转化为水滴后除去，使其成为干燥的压缩空气。最常见的压缩空气干燥器是吸附式干燥器和冷冻式干燥器。

⑥ 空气过滤器：作为气源三大件之一的空气过滤器，可进一步清除进入支路的压缩空气中或配管内产生的灰尘、锈迹、冷凝水等，保护气动元件、防止故障的发生。

⑦ 减压阀：对空压机送来的压缩空气进行减压处理，将二次侧的空气压力设定、调整到规定的压力。

⑧ 油雾器：为了使元件平滑运行，改善元件的耐久性，利用流动的压缩空气，将润滑油变成雾状后送入末端的元件，起润滑运动元件配合面的作用。

⑨ 消声器：安装于换向阀的排气口上，以减弱进行切换时的排气噪声。

⑩ 换向阀（电磁阀）：对压缩空气进行通断处理，或改变其流动方向。

⑪ 速度控制阀：调整压缩空气的流量、调节气缸或气马达的速度。

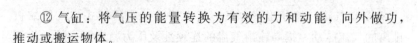

⑫ 气缸：将气压的能量转换为有效的力和动能，向外做功，推动或搬运物体。

五、各种传动方式的比较

20世纪80年代以来，自动化、省力化得到迅速发展。自动化、省力化的主要方式有：机械方式、电气方式、电子方式、液压方式和气动方式等。这些方式都有各自的优缺点及其最适合的使用范围。表1-1给出了各种动力传动和控制方式的比较。任何一种方式都不是万能的，在实现生产设备、生产线的自动化、省力化时，必须对各种技术进行比较，扬长避短，选出最适合的方式或几种方式的恰当组合，以使装备做到更可靠、更经济、更安全、更简单。

表1-1　各种传动方式的比较

类别		机械方式	电气、电子方式	液压方式	气动方式
驱动类	直线运动	容易	困难	容易	容易
	旋转运动	容易	容易	较困难	较困难
	驱动力	小～大	小～大	中～极大	小～中
	驱动力的调节	困难	困难	容易	容易
	驱动速度	小～大	中～大	小～中	小～大
	速度的调节	困难	较困难	极容易	容易
	速度的稳定性	极佳	良	良	低速时困难
	构造	较复杂	较复杂	较复杂	简单
	过载的处理	较困难	困难	较容易	容易
	响应性	极佳	极佳	良	良（注意负载）
	安装的自由度	小	中	大	极大
	停电措施	较困难	困难	可	可
	维护	简单	有技术要求	较简单	简单

续表

类别		机械方式	电气、电子方式	液压方式	气动方式
控制类	信号的转换	困难	极容易	较困难	容易
	演算的种类	小	极大	小	中
	演算的速度	大	极大	中	中
	演算方式	（模拟）数字	数字（模拟）	模拟	数字（模拟）
	防爆性	良	需要特殊处理	良	极佳
	温度的影响	小	大	中	小
	湿度的影响	小	大	小	注意冷凝水
	耐振动性	一般	差	一般	一般
	控制的自由度	小	极大	小	大
	检测的种类	小	极大	小	中

六、气动系统的优缺点

（1）优点　气压传动与机械、电气、液压传动相比，有以下优点。

① 能源便宜，处理方便。

其工作介质是空气，来源方便，取之不尽，使用后直接排入大气而无污染，处理方便，也不污染环境。

② 因空气的黏度很小（约为油的万分之一），在管道中流动时的压力损失很小，因而便于集中供气和远距离输送。

③ 气压传动调节方便，维护简单，不存在介质变质及补充等问题。

④ 防火防爆。

⑤ 气动元件结构简单，成本低，寿命长，易于实现标准化、系列化和通用化。

⑥ 气动动作迅速，反应快，维护简单，特别适合于一般设备的控制。

（2）缺点 气压传动与机械、电气、液压传动相比，有以下缺点。

① 由于空气具有较大的可压缩性，不易实现准确的速度控制和很高的定位精度，负载变化时对系统的稳定性影响较大，因而运动平稳性较差。

② 因工作压力低（一般为 0.3～1MPa），不易获得较大的输出力或力矩。

③ 气动装置的噪声大，高速排气时要加消声器。

④ 湿空气在一定的温度和压力条件下能在气动系统的局部管道和气动元件中凝结成水滴，促使气动管道和气动元件腐蚀和生锈，导致气动系统工作失灵。

⑤ 空气无润滑性能，故在气路中应设置给油润滑装置。

七、气动元件图形符号

气动元件图形符号如图 1-2 所示。

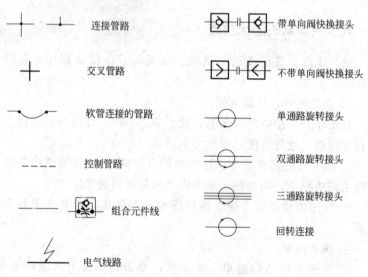

连接管路　　带单向阀快换接头

交叉管路　　不带单向阀快换接头

软管连接的管路　　单通路旋转接头

控制管路　　双通路旋转接头

组合元件线　　三通路旋转接头

回转连接

电气线路

(a) 气动管路的符号

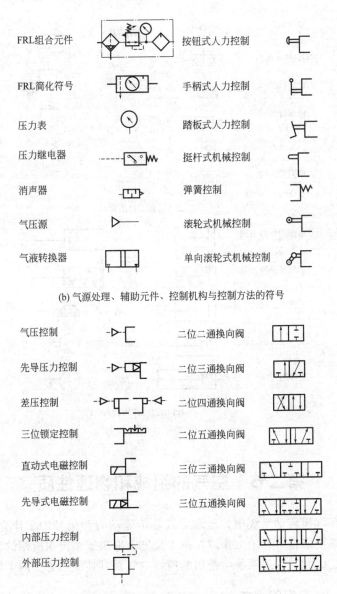

FRL组合元件		按钮式人力控制	
FRL简化符号		手柄式人力控制	
压力表		踏板式人力控制	
压力继电器		挺杆式机械控制	
消声器		弹簧控制	
气压源		滚轮式机械控制	
气液转换器		单向滚轮式机械控制	

(b) 气源处理、辅助元件、控制机构与控制方法的符号

气压控制		二位二通换向阀	
先导压力控制		二位三通换向阀	
差压控制		二位四通换向阀	
三位锁定控制		二位五通换向阀	
直动式电磁控制		三位三通换向阀	
先导式电磁控制		三位五通换向阀	
内部压力控制			
外部压力控制			

(c) 控制机构、控制方法、方向控制阀的符号

图 1-2

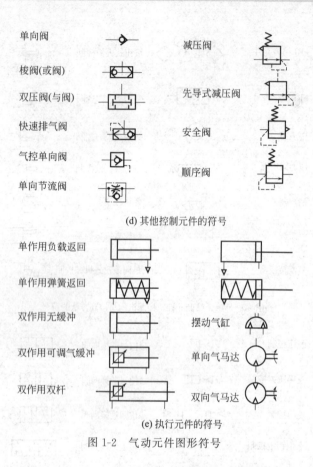

(d) 其他控制元件的符号

(e) 执行元件的符号

图 1-2　气动元件图形符号

第二节　空气的组成和物理性质

在气压传动系统中，压缩空气是传递动力和信号的工作介质。气压系统能否可靠地工作，在很大程度上取决于系统中所用的压缩空气。因此，须对系统中使用的压缩空气及其性质做必要的了解。

一、空气的组成

自然界的空气是由若干种气体混合而成的，表 1-2 列出了地表附近空气的组成。在城市和工厂区，由于烟雾及汽车排气，大气中还含有二氧化硫、亚硝酸、碳氢化合物等。空气里常含有少量水蒸气，对于含有水蒸气的空气称为湿空气，完全不含水蒸气的空气叫干空气。

表 1-2　空气的组成

成分	氮(N_2)	氧(O_2)	氩(Ar)	二氧化碳(CO_2)	氢(H_2)	其他气体
体积分数/%	78.03	20.95	0.93	0.03	0.01	0.05

二、空气的物理性质

1. 空气的密度 ρ

单位体积内所含气体的质量称为密度，用 ρ 表示。单位为 kg/m^3。

$$\rho = m/V \tag{1-1}$$

式中　m——空气的质量，kg；

V——空气的体积，m^3。

2. 空气的重度

单位体积内空气的重力，称为空气的重度，用 γ 表示。

即：

$$\gamma = G/V = mg/V = \rho g \, (N/m^3) \tag{1-2}$$

式中　G——空气的重力，N；

g——重力加速度，$g = 9.81 m/s^2$。

［温度］：在工程计算中，常采用热力学温度 T，单位名称为"开尔文"，单位符号为 K，和我们生活中的摄氏温度（℃）的换算关系为：$T = t + T_0$，$T_0 = 273.15K$。

3. 空气的黏性

黏性是指由于分子之间的内聚力，在分子间相对运动时会产生内摩擦力，而阻碍其运动的性质。黏性的大小用黏度表示，包括动力黏度 μ 和运动黏度 υ。与液体相比，气体的黏性要小得多。

空气的黏性主要受温度变化的影响，随温度的升高而增大，其与温度的关系见表 1-3。

表 1-3　空气的运动黏度与温度的关系（压力为 0.1MPa）

$t/℃$	0	5	10	20	30	40	60	80	100
$v/10^{-4}\mathrm{m}^2\mathrm{s}^{-1}$	0.133	0.142	0.147	0.157	0.166	0.176	0.196	0.21	0.238

没有黏性的气体称为理想气体。在自然界中，理想气体是不存在的。当气体的流动速度变化不大时，这时的气体便可当作理想气体。理想气体具有重要的实用价值，可以使问题的分析大为简化。

4. 空气的压缩性和膨胀性

体积随压力和温度而变化的性质分别表征为压缩性和膨胀性。空气的压缩性和膨胀性远大于固体和液体的压缩性和膨胀性。自由气体经空压机压缩的过程中是可压缩的；而在气动装置中，气体流动速度较低，且经过压缩，可以认为不可压缩。

5. 声速与马赫数

声波在介质中的传播速度称为声速。对理想气体来说，声音在其中传播的相对速度只与气体的温度有关。气体的声速 c 是随气体状态参数的变化而变化的。

气流速度与当地声速（$c=341\mathrm{m/s}$）之比称为马赫数，$Ma=v/c$

Ma 是气体流动的一个重要参数，集中反映了气流的压缩性，Ma 愈大，气流密度变化越大。

① 当 $v<c$，$Ma<1$ 时，称为亚声速流动；

② 当 $v=c$，$Ma=1$ 时，称为声速流动；

③ 当 $v>c$，$Ma>1$ 时，称为超声速流动；

④ 当 $v\leqslant 50\mathrm{m/s}$ 时，不必考虑压缩性；

⑤ 当 $v\approx 140\mathrm{m/s}$ 时，应考虑压缩性，压缩 8%。

6. 空气的湿度和含湿量

湿空气是干空气与水蒸气的混合气体，实际存在的大气一般为湿空气。空气当中可混入水蒸气的能力只与温度有关，而与压力无关。如果空气中的水蒸气的含量超过了空气所能混入的水蒸气的量，则一部分水蒸气便会冷凝成水（水雾、水滴等）而从中分离出来。

空气中的水蒸气在一定条件下会凝结成水滴，水滴不仅会腐蚀元件，而且对系统工作的稳定性带来不良影响。因此不仅各种气动元器件对空气含水量有明确规定，而且常需要采取一些措施防止水分进入系统。

湿空气中所含水蒸气的程度用温度和含湿量来表示，而湿度的表示方法有绝对湿度和相对湿度之分。湿空气中的水分（水蒸气）含量通常用湿度来表示。表示方法有绝对湿度和相对湿度，定义如下：

湿空气中所含水蒸气的程度用温度和含湿量来表示。而湿度的表示方法有绝对湿度和相对湿度之分。

（1）绝对湿度　$1m^3$ 湿空气中所含水蒸气的质量称为绝对湿度。也就是湿空气中水蒸气的密度。空气中水蒸气的含量是有极限的。在一定温度和压力下，空气中所含水蒸气达到最大极限时，这时的湿空气叫饱和湿空气。$1m^3$ 的饱和湿空气中，所含水蒸气的质量称为饱和湿空气的绝对湿度。

（2）相对湿度　在相同温度、相同压力下，绝对湿度与饱和绝对湿度之比称为该温度下的相对湿度。一般湿空气的相对湿度值在 $0\sim100\%$ 之间变化，通常情况下，空气的相对湿度在 $60\%\sim70\%$ 范围内人体感觉舒适，气动技术中规定各种阀中的空气相对湿度应小于 95%。

（3）含湿量　空气的含湿量指 1kg 质量的干空气中所混合的水蒸气的质量。

（4）露点　保持水蒸气压力不变而降低未饱和湿空气的温度，使之达到饱和状态（相对湿度 100%）时的温度叫露点。温度降到露点温度以下，湿空气便有水滴析出。冷冻干燥法去除湿空气中的水分，就是利用降低温度到露点温度以下，使湿空气中的水分变水滴析出分离水分这个原理而工作的。

7. 空气的标准状态和基准状态

空气的状态根据特性可分为三类：自由空气、标准状态的空气、基准状态的空气。自由空气是指地球上的空气状态，并不是一直是在同一状态的空气。也就是说自由空气是根据温度、气压、湿度等发生变化的，所以在设计和使用气动元件的时候，自由空气不予考虑，而应该使用符合一定条件的空气。

气体的体积只有在其温度和压力都相同时才具有可比性，因此人们定义了一个统一的标准状态，这样利用通常状态下的气体状态方程，就可以将气体的状态换算成统一的标准状态。

① 标准状态（ANR）：温度20℃，相对湿度65%，压力0.1MPa。

② 基准状态：温度0℃，压力101.3KPa的干空气的状态。

一般来说，气动元件中使用标准状态的空气，而在物理性质等工学问题中使用基准状态的空气，见表1-4。

表1-4　空气状态

	标准状态	基准状态
大气压	760mmHg[0.1013MPa(abs)]	760mmHg[0.1013MPa(abs)]
温度	20℃	0℃
相对湿度	65%	0%
密度	1.20kg/m³	1.293kg/m³

通常加上（ANR）来表示空气的标准状态（正常状态），示例如下。

例

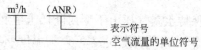

m³/h　　（ANR）
表示符号
空气流量的单位符号

8.大气的压力

大气的密度因距地表的高度不同而异，我们称该空气的重量为压力。因为我们生活在这样的大气中，所以不会感到压力的存在。但事实上，每1cm³的空气大约有10N的力。由于大气随着距海面的高度以及季节的不同而变化，因此大气压也会相应地发生变化。意大利人托里拆利将760mm汞柱的压力定义为标准气体压力，即一个大气压，为0.1013MPa=760mmHg（图1-3）。

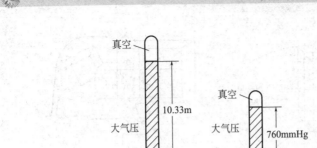

图 1-3　托里拆利的汞柱

第三节　压缩空气及其特性

一、压缩空气的获得

地球的四周被空气所包围，我们称该空气层为大气。大气从地表开始一直扩散到距地面 1000km 的上空（图 1-4），1 个标准大气压=1.033kgf/cm^2=760mmHg=10000mmH$_2$O。图 1-5 中为将该大气进行压缩后得到的气体，称为压缩空气，0.7MPa（≈7kgf/cm^2）的压缩空气是使用空压机，将大气压缩到原体积的 1/8 后得到的气体。

空气被压缩后就成了压缩空气，它在被压缩状态下储存了一定的能量，利用这部分储存的能量可以对外做功。

二、压力

1. 压力的度量

（1）绝对压力　压力是由空气中的分子相互碰撞而产生的，如果没有分子，便也不会产生压力。也就是说，在完全真空状态下压力为零，以该状态为基准的压力称为"绝对压力"。以绝对真空作为起点的压力值，一般在表示绝对压力的符号右下角标注 abs 及 p_{abs}。

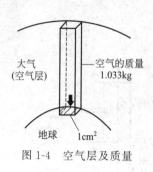

图 1-4 空气层及质量

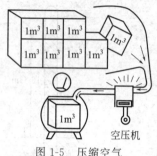

图 1-5 压缩空气

（2）表压力 由于地球上任何地方均存在大气压，因此多以大气压为基准，我们将以大气压为基准的压力称为"表压"。高出当地大气压的压力值，由压力表测得的压力值，即为表压力。在工程计算中，常将当地大气压力用标准大气压代替。在气压的理论公式中才使用绝对压力，这一点需要注意。用压力测量仪表直接测得的是表压。

（3）真空度和真空压力 低于当地大气压的压力值叫真空度。其测量仪表称为负压表或真空表。

绝对压力与大气压之差叫真空压力。真空压力在数值上与真空度相同。但应在其数值前加负号。

绝对压力与表压力的关系如式（1-3）所示。

$$绝对压力＝大气压＋表压力 \qquad (1-3)$$

压力可用绝对压力、表压力和真空度等来度量，如图 1-6 所示。

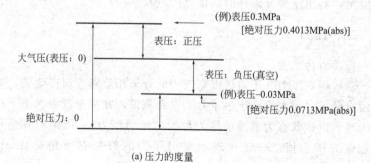

(a) 压力的度量

(b) 表压与绝对压力

图 1-6　压力的度量、表压与绝对压力

2.压力的单位

大气压的压力单位以前都使用 kgf/cm^2（工程制），这表示在 $1cm^2$ 的面积上有多少作用力（kgf）。但为了统一，现从工程制单位（MKS 单位）转换成了国际单位制（SI 单位），即国际标准（ISO），压力单位现在均以 MPa 表示（表 1-5）。

表 1-5　压力单位换算表

MPa （兆帕）	kPa （千帕）	kgf/cm^2 （单位质量千克）
1	$1×10^3$ （1000）	$1.01972×10$ （10.1972）
$1×10^{-3}$ （0.001）	1	$1.01972×10^{-2}$ （0.0101972）
$9.80665×10^{-2}$ （0.0980665）	$9.80665×10$ （98.0665）	1

三、压缩空气的污染

压缩空气中的水分、油污和灰尘等杂质不经处理直接进入管路系统时，会对系统造成不良后果。所以气压传动系统中所使用的压缩空气必须经过干燥和净化处理后才能使用。

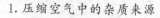

1. 压缩空气中的杂质来源

压缩空气中的杂质来源主要有以下几个方面。

① 由系统外部通过空气压缩机等设备吸入的杂质。即使在停机时，外界的杂质也会从阀的排气口进入系统内部。

② 系统运行时内部产生的杂质。如：湿空气被压缩、冷却就会出现冷凝水；压缩机油在高温下会变质，生成油泥；管道内部产生的锈屑；相对运动件磨损而产生的金属粉末和橡胶细末；密封和过滤材料的细末等等。

③ 系统安装和维修时产生的杂质。如安装、维修时未清除掉的铁屑、毛刺、纱头、焊接氧化皮、铸砂、密封材料碎片等。

2. 压缩空气的质量等级

随着机电一体化程度的不断提高，气动元件日趋精密。气动元件本身的低功率、小型化、集成化，以及微电子、食品和制药等行业对作业环境的严格要求和污染控制，都对压缩空气的质量要求和净化提出了更高的要求。不同的气动设备，对空气质量的要求不同。空气质量低劣，优良的气动设备也会事故频发，使用寿命缩短。但如对空气质量提出过高要求，又会增加压缩空气的成本。

表 1-6 为 ISO 8573.1 标准（国际标准）中对压缩空气中的固体尘埃颗粒、含水率（以压力露点形式要求）和含油率要求划分的压缩空气质量等级。我国采用的 GB/T 13277.1—2008《压缩空气 第 1 部分：污染物净化等级》等效采用 ISO 8573.1 标准。

表 1-6 压缩空气的质量等级（ISO 8573.1）

等级	最大粒子		压力露点（最大值）	最大含油量
	尺寸(μm)	浓度(mg/m^3)	(℃)	(mg/m^3)
1	0.1	0.1	−70	0.01
2	1	1	−40	0.1
3	5	5	−20	1.0
4	15	8	+3	5
5	40	10	+7	25
6	—	—	+10	—
7	—	—	不规定	—

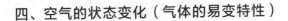

四、空气的状态变化（气体的易变特性）

气体的体积受压力和温度变化的影响极大，与液体和固体相比，气体的体积是易变的，称为气体的易变特性。气体与液体体积变化相差悬殊，主要原因在于气体分子间的距离大而内聚力小，分子运动的平均自由路径大。气体体积随温度和压力的变化规律遵循气体状态方程。

空气的压力、体积和温度三要素之间存在着一定的关系，如果确定其中的两个，则另一个参数也随之确定。空气的状态可以使用这三个参数进行表征，它们之间的关系用"状态方程"来表示，参数的变化称为"状态变化"。

1. 理想气体的状态方程

实际气体看成理想气体，由此引起的误差是相当小的。

气体的压力、体积、温度表明了气体所处的状态，即气体的状态是由它的三个参数：压力、体积和温度来决定的。对于一定质量的气体，状态方程可以表示成：

$$\frac{p_1 V_1}{T_1} = \frac{p_2 V_2}{T_2} = R \tag{1-4}$$

T 为绝对温度（K）；R 为气体常数 $[N \cdot m/(kg \cdot K)]$，干空气的 $R = 287.1$，湿空气的 $R = 462.05$。

2. 等温变化过程（波意耳定律）

一定质量的气体，在其状态变化过程中，当气体的温度不变时，如果其体积减小，则压力升高（等温过程：$T =$ 常数），如图 1-7 所示。

$$pV = 常数，p_1 V_1 = p_2 V_2 \tag{1-5}$$

表明在温度不变的条件下，气体压力上升时，气体体积被压缩，比体积下降；压力下降时，气体体积膨胀，比体积上升。

3. 等压变化过程（盖-吕萨克定律）

一定质量的气体，若其状态变化是在压力不变的条件下进行的，则称为等压过程，即当气体的压力一定时，其体积与绝对温度

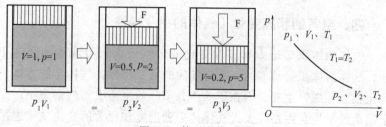

图 1-7　等温变化过程

成比例（等压过程：p ＝ 常数）。当压力不变时，温度上升，气体膨胀；当温度下降时气体被压缩，如图 1-8 所示。一定压力下，温度每升高 1℃，对于一定质量的气体，其体积增加 1/273。

$$V_1/V_2 = T_1/T_2 \tag{1-6}$$

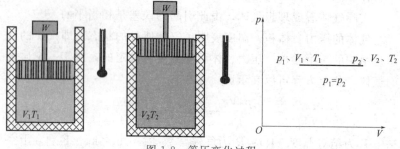

图 1-8　等压变化过程

4. 等容变化过程（查理定律）

气体的等容变化过程是指一定质量的气体，在状态变化过程中体积保持不变时，则有其压力与绝对温度成比例（图 1-9）。

一定质量的气体，若其状态变化是在体积不变的条件下进行的，则称为等容过程。

$$p_1/T_1 = p_2/T_2 = C$$

当体积不变时，压力的变化与温度的变化成正比，当压力上升时，气体的温度随之上升。

例如密闭气罐中的气体，由于外界环境温度的变化，使罐内气体状态（压力）发生变化的过程也可看作等容过程。

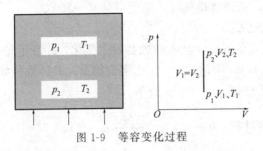

图 1-9　等容变化过程

5. 绝热变化过程

一定体积的空气被迅速压缩，完全没有与外界进行热交换的状态变化过程，称为绝热过程。该过程的曲线如图 1-10。在此过程中，输入系统的热量为零，即系统靠消耗内能做功。

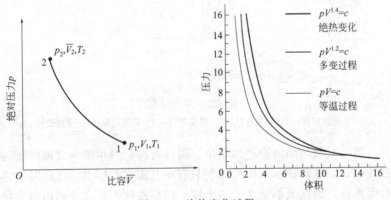

图 1-10　绝热变化过程

$$pV^n = c (空气 \quad n = 1.4) \tag{1-7}$$

在绝热过程中，气体状态变化与外界无热量交换，系统靠消耗本身的内能对外作功。在气压传动中，快速动作可被认为是绝热变化过程。气罐内的气体，在很短的时间内向外放气时，罐内气体的状态变化的过程可看作是绝热过程（等熵过程）。例如，压缩机的活塞在气缸中的运动是极快的，以致缸中气体的热量来不及与外界进行热交换，这个过程就被认为是绝热过程。应该指出，在绝热过程中，气体温度的变化是很大的，例如空压机压缩空气时，温度可高达 250℃，而快速排气时，温度可降至－100℃。

6.多变过程

一定质量的气体，状态参数都发生变化，并且不是绝热变化的情况（图 1-11）。下列式中，n 为多变指数，具体取值如下：

① 等压过程：$n=0$，$p_1=p_2$。

② 等容过程：$n=\infty$，$\dfrac{\overline{V}_1}{\overline{V}_2}=\left(\dfrac{p_2}{p_1}\right)^{1/n}=1$。

③ 等温过程：$n=1$，$p_1\overline{V}_1=p_2\overline{V}_2$。

④ 绝热过程：$n=k=1.4$（空气），$p\overline{V}^k=$ 常数。

⑤ 多变过程：一般 $k>n>1$，$p\overline{V}^n=$ 常数。

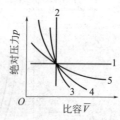

图 1-11 多变过程

1—等压过程；2—等容过程；3—等温过程；4—绝热过程；5—多变过程

当空气被压缩时会产生热量，温度升高；当压缩空气被降压时会冷却，温度降低。气体的体积只有在其温度和压力都相同时才具有可比性，因此人们定义了一个统一的标准状态，这样利用通常状态下的气体状态方程就可以将气体的状态换算成统一的标准状态。

五、压缩空气的运动

1.气体的流动状态（气体流动规律）

① 层流：气体层流流动时，各个流层之间相互平行（图 1-12），流动时的能量损失为层与层之间的摩擦损失，越靠近流管的中间部位流速越高。

② 紊流：气流紊流流动时，各个流层之间并不像层流时相互平行，可能与气体的流动方向垂直，也可能与气体的流动方向相

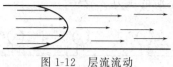

图 1-12　层流流动

反，流动过程中出现旋涡（图 1-13）。这样使得气体流动时的能量
损失也加大，在整个截面上大部分区域其速度分布是线性的。

图 1-13　紊流流动

2.气体流动在管路中的压力损失

由于气体在管路中流动时会产生摩擦损失和流动损失，因此当
气体流过一段管路后产生一定的压力降，这个压力降与下列因素有
关：截面面积 A、流动速度 v、流态、管内壁表面质量。

压力损失可分成沿程压力损失和局部压力损失。缓变流引起的
损失为沿程压力损失，急变流引起的损失为局部压力损失。

沿程压力损失按下式计算：

$$\Delta p_L = \lambda L/d \times 1/2\rho v^2 \qquad (1\text{-}8)$$

式中　Δp_L——沿程压力损失，Pa；

　　　L——管长，m；

　　　d——管内径，m；

　　　λ——沿程压力损失因数（可查有关设计手册）；

　　　ρ——密度，kg/m³；

　　　v——流速，m/s。

局部压力损失 Δp_m 按下式计算：

$$\Delta p_m = \xi 1/2\rho v^2$$

式中，ξ 是局部压力损失因数。通常 ξ 值都是由实验测定，不
同的急变流的局部压力损失因数可查有关设计手册。

如图 1-14 所示，由于气体在管路中流动时会产生损失，所以

上游的压力 p_1 比下游的压力 p_3 高。

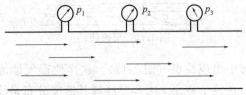

图 1-14　流动中的压力损失

3.流量与连续性方程（质量守恒定律）

单位时间内通过某截面的流体量称为流量（图 1-15）。若流体量以体积度量，称为体积流量，常用单位是 m^3/s 或 L/min；若流体量以质量度量，就称为质量流量，常用单位是 kg/s。常用的流量为体积流量，简称量。气流速度小于 $70\sim100m/s$ 的流动，流动过程中气体的密度未发生变化或变化量很小时，可看成不可压缩流动。其通过流量 $Q=Av$

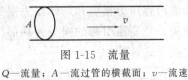

图 1-15　流量

Q—流量；A—流过管的横截面；v—流速

如图 1-16 所示，在单位时间内流过管的横截面Ⅰ-Ⅰ与横截面Ⅱ-Ⅱ的体积（流量）是常数，如果横截面面积 A 减少，速度会增加。

$$Q=v_1\times A_1=v_2\times A_2=常数 \tag{1-9}$$

$$A_1/A_2=v_2/v_1 \tag{1-10}$$

4.伯努利方程（能量方程）

如图 1-17 所示，流过管的横截面Ⅰ-Ⅰ与横截面Ⅱ-Ⅱ的能量之和是常数能量守恒，单位体积的气体压力能和动能之和保持不变。p_1 与 p_2 为静压力，$\frac{1}{2}\rho v_1^2$ 与 $\frac{1}{2}\rho v_2^2$ 为动压力，为与流线平行的面上感受的压力。

$$p_1 + \frac{1}{2}\rho v_1^2 = p_2 + \frac{1}{2}\rho v_2^2$$

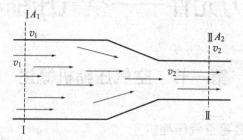

图 1-16　连续性方程

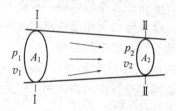

图 1-17　能量方程

第二章

动力元件——空气压缩机

第一节 空气压缩机概述

一、什么是空气压缩机

空气压缩机，简称空压机或压缩机。空气压缩机是一种将气体压缩，提高气体压力或输送气体的机器，它将大气压力的空气增压成较高压力的空气，以输送给气动元件使用。压缩机相当于液压系统中的液压泵，它是气动系统中的心脏。

各种类型压缩机的工作原理都是一样的，都是将定量空气吸入，进行压缩，逐步减小空气空间的体积，以提升压力。

二、压缩机的用途

压缩机的应用极为广泛。在采矿业、冶金业、机械制造业、土木工程、石油化学工业、制冷与气体分离工程以及国防工业中，压缩机是必不可少的关键设备之一。其主要用途如下：

① 压缩空气作为动力（如气动仪表及气动自动装置）；

② 压缩气体用于制冷和气体分离（如空调）；

③ 压缩气体用于合成及聚合（保证反应压力）；

④ 压缩气体（氢气）用于油的加氢精制；

⑤ 气体输送（提供气体流动动力）。

三、压缩机的分类

压缩机在近代工业中，特别是在化学与石油工业中得到广泛的应用和发展。压缩机的分类如下。

1.按排气压力分类

可分为低压压缩机（0.2～1MPa）、中压压缩机（1.0～10MPa）、高压压缩机（10～100MPa）和超高压压缩机（≥100MPa）。

2.按排气量分类

可分为微型压缩机（0.2～1m³/min）、小型压缩机（1～10m³/min）、中型压缩机（10～100m³/min）和大型压缩机（≥100m³/min）。

3.按结构原理分类

按结构分类压缩机类型繁多，但基本上可以划分为两大类。

① 容积型压缩机：是依靠机械运动，直接使气体的体积变化而实现提高气体压力。这种型式的空压机将吸入的空气在一个容积逐渐变小的空间中输出压力，叫容积压缩。

② 速度型压缩机：这种形式的空压机是靠叶轮高速旋转，首先使吸入的空气得到一个很高的速度，然后使高速气流在扩压器中迅速地降速，使气体的动能转化为静压能（压力能），从而实现气体压缩，把被压缩气体的压力提高，称为动能压缩。

第二节　容积型压缩机举例——活塞式压缩机

一、活塞式压缩机的分类

活塞式压缩机是最常用的一种压缩机，为容积型压缩机。按活塞的压缩动作可分为以下几类。

① 单级单作用压缩机：只有一个气缸的压缩机。气体只在活塞的一侧进行压缩又称单动压缩机，排气压力＜0.7MPa。

② 单级双作用压缩机：也只有一个气缸，但气体在活塞的两侧均能进行压缩又称复动或多动压缩机，排气压力＜1MPa。

③ 多缸单作用压缩机：利用活塞的一面进行压缩，而有多个气缸的压缩机。常见的有双缸单作用压缩机。

④ 多缸双作用压缩机：利用活塞的两面进行压缩，而有多个

气缸的压缩机。排气压力＞1MPa。

活塞式压缩机按结构形式分类，可分为立式、卧式、角度式、对称平衡式和对制式等。一般立式用于中小型压缩机；卧式用于小型高压压缩机；角度式用于中小型压缩机；对称平衡式使用普遍，特别适用于大中型往复式压缩机；对制式主要用于超高压压缩机。

二、活塞式压缩机的结构原理

活塞式压缩机属于最早的压缩机设计之一，但它仍然是最通用和非常高效的一种压缩机。活塞式压缩机通过连杆和曲轴使活塞在气缸内向前运动。如果只用活塞的一侧进行压缩，则称为单动式。如果活塞的上、下两侧都用，则称为双动式。

当活塞式压缩机的曲轴旋转时，通过连杆的传动，活塞便做往复运动，由气缸内壁、气缸盖和活塞顶面所构成的工作容积则会发生周期性变化。活塞式压缩机的活塞从气缸盖处开始运动时，气缸内的工作容积逐渐增大，这时，气体即沿着进气管，推开进气阀而进入气缸，直到工作容积变到最大时为止，进气阀关闭；活塞式压缩机的活塞反向运动时，气缸内工作容积缩小，气体压力升高，当气缸内压力达到并略高于排气压力时，排气阀打开，气体排出气缸，直到活塞运动到极限位置为止，排气阀关闭。当活塞式压缩机的活塞再次反向运动时，上述过程重复出现。

总之，活塞式压缩机的曲轴旋转一周，活塞往复一次，气缸内相继实现进气、压缩、排气的过程，即完成一个工作循环。

1. 单缸单作用活塞式压缩机的工作原理

单缸单作用活塞式压缩机常用于需要 $0.3\sim0.7$MPa 压力范围的系统。单级活塞式空压机若压力超过 0.6MPa，各项性能指标将急剧下降，故往往采用多级压缩，以提高输出压力。为了提高效率，降低空气温度，需要进行中间冷却。

图 2-1 为单缸单作用活塞式压缩机的工作原理图，当活塞 3 向右移动时，气缸 2 内活塞左端的压力略低于吸入空气的压力 p_a，此时吸气阀打开，空气在大气压力的作用下进入气缸 2 内，这个过程称为吸气过程；活塞返行时，吸气阀 9 关闭，吸入的空气被活塞

3压缩，这个过程称为压缩过程；当气缸内空气压力增高至略高于排气管内压力 p 后，排气阀1打开，压缩空气排入排气管内，这个过程称为排气过程。至此，已完成一个工作循环。活塞再继续运动，则上述工作循环将周而复始地进行。

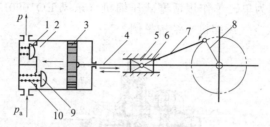

图 2-1　单缸活塞式空气压缩机工作原理图

1—排气阀；2—气缸；3—活塞；4—活塞杆；5,6—十字头与滑道；

7—连杆；8—曲柄；9—吸气阀；10—弹簧

2. 双缸单作用活塞式压缩机的工作原理

图 2-2 为两级压缩的活塞式空压机结构原理图。如图所示，空气经第一级低压缸 4 压缩后压力由 p_1 提高至 p_2，温度由 T_1 升至 T_2；由于温度 T_2 较高，经中间冷却器 7 冷却到 T_3 后，再经第二级高压缸 $4'$ 压缩后压力升高到 p_3，温度由 T_3 升至 T_4，由出口输出。

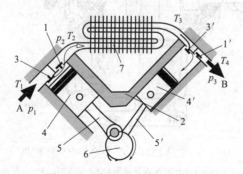

图 2-2　两级活塞式空气压缩机

1—第一级排气阀；$1'$—第二级排气阀；2—机体；3—第一级吸气阀；

$3'$—第二级吸气阀；4—第一级活塞；$4'$—第二级活塞；

5,$5'$—连杆；6—曲轴；7—中间冷却器

三级压缩工作原理可推出，此为二级压缩。

三、活塞式压缩机的结构举例

1. 单缸单作用活塞式压缩机结构举例

图 2-3 为单缸单作用活塞式压缩机（东风 EQ1090E 型汽车用单级活塞式空气压缩机）结构举例。

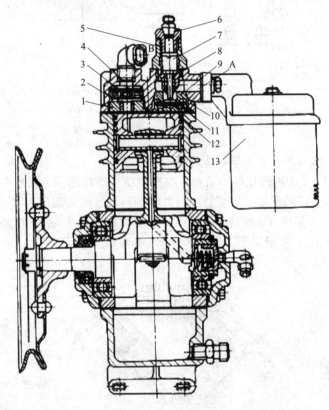

图 2-3　东风 EQ1090E 型汽车空气压缩机

1—出气阀座；2—出气阀导向座；3—出气阀；4—气缸盖；
5—卸荷装置壳体；6—定位塞；7—卸荷柱塞；8—柱塞弹簧；
9—进气阀；10—进气阀座；11—进气阀弹簧；12—进气阀
导向座；13—进气滤清器；A—进气器；B—排气器

2.多级活塞式压缩机结构举例

图 2-4 为 VW－5/25 型活塞式压缩机（两列三级 V 型压缩机）结构图。一级为一列，二、三级为另一列，每级一个气缸，二、三级气缸为顺差式排列，两列夹角为 90°。压缩机由曲轴箱体、中体、

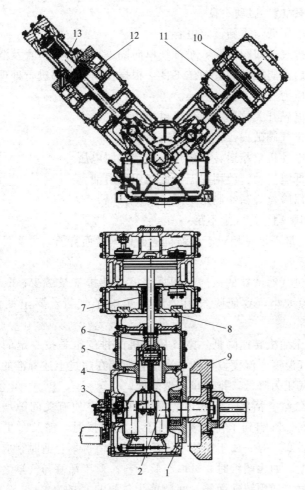

图 2-4 VW-5/25 型空气压缩机结构示意图

1—曲轴箱体部件；2—曲轴部件；3—油泵部件；4—连杆部件；5—十字头滑道部件；
6—十字头部件；7—填料部件；8—中体；9—联轴器部件；10——级气缸部件；
11——级活塞部件；12—二、三级气缸部件；13—二、三级活塞部件

气缸、曲轴、连杆、十字头、活塞及活塞杆部件、填料函、气阀、油泵等组成，由电动机通过联轴器直接驱动。

四、活塞式压缩机的常见故障分析与排除

【故障 1】 启动不良

① 电压低：重新设定电容量。

② 排气单向阀泄漏：对排气单向阀进行拆卸、检查及清洗。

③ 启动阀联动装置动作不良：根据使用说明书进行处理。

④ 压力开关不良：更换。

⑤ 电磁开关故障：修理或更换。

⑥ 排气阀破损：拆卸修理或更换。

⑦ 电动机单相运转：修理、测定电源电压。

⑧ 低温启动：使用保温、低温用润滑油。

⑨ 保险丝烧断：测定电阻、更换。

【故障 2】 排气量不足

排气量不足是相对于压缩机的设计气量而言的。主要可从下述几方面考虑。

① 进气滤清器的故障。积垢堵塞，使排气量减少；吸气管太长，管径太小，致使吸气阻力增大影响了气量。要定期清洗滤清器。

② 压缩机转速降低。空气压缩机的排气量是按一定的海拔高度、吸气温度、湿度设计的，当把它使用在超过上述标准的高原上时，吸气压力降低，排气量必然降低。

③ 气缸、活塞、活塞环磨损严重超差，使有关间隙增大，泄漏量增大，影响到了排气量。属于正常磨损时，需及时更换易损件，如活塞环等。属于安装不正确，间隙留得不合适时，应按图纸给予纠正，如无图纸时，可取经验资料。对于活塞与气缸之间沿圆周的间隙，如为铸铁活塞，间隙值为气缸直径的 $0.06\% \sim 0.09\%$；对于铝合金活塞，间隙为气缸直径的 $0.12\% \sim 0.18\%$；钢活塞可取铝合金活塞的较小值。

④ 填料函密封不严，产生漏气使排气量降低。其原因首先是

填料函本身制造时不符合要求；其次可能是由于在安装时，活塞杆与填料函中心对中不好，产生磨损、拉伤等造成漏气。一般在填料函处加注润滑油，起到润滑、密封、冷却作用。

⑤ 压缩机吸、排气阀的故障对排气量的影响。阀座与阀片间掉入金属碎片或其他杂物，关闭不严，形成漏气。这不仅影响排气量，还影响级间压力和温度的变化。阀座与阀片接触不严形成漏气而影响了排气量，可能属于制造质量问题，如阀片翘曲等，也可能是由于阀座与阀片磨损严重而形成漏气。针对具体情况予以处置。

⑥ 气阀弹簧力与气体压力匹配不合适。弹力过强则使阀片开启迟缓，弹力太弱则阀片关闭不及时，这些不仅影响了排气量，而且会影响到功率的增加以及气阀阀片、弹簧的寿命。同时，也会影响到气体压力和温度的变化。

⑦ 压紧气阀的压紧力不当。压紧力小，则要漏气，当然太紧也不行，会使阀罩变形、损坏，压紧气阀的压紧力要正确调节。

⑧ 气阀特别是低压级气阀损坏或装配不当而泄漏：修理气阀、更换或重新装配。

⑨ 气阀结炭：清除结炭，清洗。

⑩ 密封填料漏气：检查、修理或更换填料组。

⑪ 活塞环因开口过大而不圆、磨损过大或断裂：更换活塞环。

⑫ 气缸镜面不圆：修复或更换气缸套。

⑬ 安全阀、进排气管路及一切可能泄漏的气路连接处漏气：检查泄漏情况，堵漏。

⑭ 各级气缸特别是第一级气缸因吸入温度上升吸入压力降低使进气量减少：控制和调整工作状况。

⑮ 第一级气缸的余隙过大：调整气缸余隙。

⑯ 第一级气缸设计余隙容积小于实际结构的最小余隙容积：若设计错误，应修改设计或采取措施调整余隙。

⑰ 密封元件损坏：更换密封元件。

⑱ 气阀负荷调节装置设置错误：恢复气阀调节装置的正确设置。

【故障3】　级间压力低于正常压力

① 第一级吸、排气阀不良引起排气不足及第一级活塞环泄漏过大：检查气阀，更换损坏零件，检查活塞环。

② 前一级排出后或后一级吸入前的机外泄漏：检查泄漏处，并消除。

③ 吸入管道阻力太大：检查管道使之畅通。

④ 填料、活塞环密封不好：检查更换。

【故障4】 排气温度不正常

排气温度不正常是指其高于设计值。从理论上讲，影响排气温度增高的因素有：进气温度、压力比以及压缩指数（对于空气压缩指数 $K=1.4$ ）。实际情况影响到吸气温度增高的因素有以下几个方面。

① 中间冷却效率低或者中冷器内水垢较多影响到换热，则后一级的吸气温度必然要高，排气温度也会高：清除水垢使冷却器畅通。

② 冷却水量不足，进水温度过高，气缸或冷却器的冷却效果不良。水冷式机器，缺水或水量不足均会使排气温度升高：增加冷却水量，添加低温水，降低进水温度，酌情处理。

③ 气阀漏气、活塞环漏气，不仅影响到排气温度升高，而且也会使级间压力变化，只要压力比高于正常值就会使排气温度升高：消除漏气。

④ 吸入温度超过规定值：检查工艺流程，移开吸入口热源，增加水量。

【故障5】 压力不正常以及排气压力降低

压缩机排出的气量在额定压力下不能满足使用的要求，则排气压力必然要降低，所以排气压力降低是现象，其实质是排气量不能满足使用的要求：换一台排气压力相同，而排气量大的机器。

影响级间压力不正常的主要原因是气阀漏气或活塞环磨损后漏气，故应从这些方面去找原因和采取措施。

【故障6】 气缸内发出异常声响，响声异常

压缩机在某些部件发生故障时，将会发出异常的响声。活塞与缸盖间隙过小，活塞杆与活塞连接螺帽松动或脱扣，活塞端面丝堵

松动，活塞向上串动碰撞气缸盖，气缸中掉入金属碎片以及气缸中积聚水分等，均可在气缸内发出敲击声；曲轴箱内曲轴瓦螺栓、螺帽、连杆螺栓、十字头螺栓松动、脱扣、折断等，轴径磨损严重、间隙增大，十字头销与衬套配合间隙过大或磨损严重等，均可在曲轴箱内发出撞击声；排气阀片折断，阀弹簧松软或损坏，负荷调节器设置不当等，均可在阀腔内发出敲击声。

只要压缩机运行中发出或大或小的异常声响，就说明压缩机某一部位出现故障，应根据故障响声的部位、大小做出正确的判断，为维修提供依据。具体故障原因与排除方法如下。

① 气阀紧固螺母松动：拧紧螺母。

② 气阀制动圈紧定螺钉松动：重新拧紧紧定螺钉。

③ 气阀阀片、弹簧损坏：更换损坏的阀片与弹簧。

④ 活塞止点间隙调整不当：重新调整。

⑤ 活塞紧固螺母松动：重新锁紧紧固螺母。

⑥ 活塞环轴向间隙过大：更换活塞环，更换填料。

⑦ 活塞杆螺母或活塞紧固螺母松动：检查，重新锁紧紧固螺母。

⑧ 铸造活塞内腔有异物：取出与清除异物。

⑨ 焊接盘形活塞内部筋板脱落或强度不够以致活塞端面鼓出撞击气缸端面：更换活塞。

⑩ 活塞与活塞杆脱离或活塞杆断裂：更换活塞或活塞杆。

⑪ 气缸端面线性余隙太小：适当加大余隙。

⑫ 气缸套松动或断裂：检查和采取相应措施。

⑬ 气缸内掉入异物：检查并消除之。

⑭ 润滑油太多或气体含水太多发生水击现象：适当减少润滑油量，提高油水分离效果和加强排放。

⑮ 填料紧固螺母松动或填料破损：重新拧紧螺母与更换填料。

【故障7】 运动部件发生异常的声响

① 连杆螺栓、轴承螺栓、十字头螺栓松动或撕裂：紧固松动处，更换损坏的零件。

② 主轴承、连杆大小头瓦等处磨损间隙过大：检查和调整间

隙或更换。

③ 各轴瓦的瓦背与轴承座接触不良有间隙，紧固螺栓松动：刮研轴瓦瓦背，重新紧固锁紧。

④ 十字头滑板磨损：重新浇铸轴承合金或更换调整垫。

⑤ 机身内有异物碰到了曲轴连杆：取出异物。

⑥ 曲轴与联轴器的配合松动：检查并采取相应措施。

【故障 8】　过热故障

在曲轴与轴承、十字头与滑板、填料与活塞杆等摩擦处，温度超过规定的数值称之为过热。过热所带来的后果：①加快摩擦副间的磨损；②过量的热能不断积聚直至烧毁摩擦面以及烧瓦抱轴而造成机器重大的事故。

造成轴承过热的原因主要有：轴承与轴颈贴合不均匀或接触面积过小；轴承偏斜、曲轴弯曲；润滑油黏度太小，油路堵塞，油泵有故障造成断油等；安装时没有找平，没有找好间隙，主轴与电机轴没有找正，两轴有倾斜等。

对上述情况酌情处理。

【故障 9】　气缸发热

① 内部芯子安装位置错误或固定不良：检查冷却水供应情况。

② 内部芯子损坏或脱落：检查气缸润滑油油压是否正常，油量是否足够。

③ 内部有异物、脏物或水垢堵塞水道或气路：检查气缸并采取相应措施。

【故障 10】　冷却器、气液分离器等发出异常声响

① 冷却水太少或冷却水中断：检查并排除冷却器故障。

② 气缸润滑油太少或润滑油中断：检查并排除气液分离器故障。

③ 由于脏物带进气缸使镜面拉毛：清除异物、脏物，消除水垢，疏通水道或气路。

【故障 11】　轴承或十字头滑履发热

① 轴承或十字头滑履配合间隙过小：调整间隙。

② 轴和轴承接触不均匀：重新刮研轴瓦。

③ 润滑油油压太低或断油：检查油泵与油路情况。

④ 润滑油太脏，油液黏度过低或过高：更换为合适黏度的润滑油。

⑤ 油冷却器冷却效果不良：检查油冷却器，增加冷却水量。

【故障 12】 填料温度升高或漏气

① 油气太脏或注油器不下油、油量不足、止逆阀损坏等造成填料磨损过大，拉毛活塞杆：更换润滑油，清除脏物，修理注油器，调节油量，更换止逆阀填料，修复活塞杆或更换之。

② 回气管不通：疏通回气管。

③ 填料装配不良：重新装配填料。

④ 安装精度低，如十字头、活塞杆、气缸等同轴度差：检查安装精度进行必要的调整。

⑤ 在卧式气缸中活塞由于支承板磨损而下沉：修补活塞支承板，调整活塞水平度和四周间隙。

⑥ 填衬本身材料质量差：选用耐磨、质量好的材料做填料。

【故障 13】 气缸部分发生不正常振动

① 支撑不合适：调整支撑间隙。

② 填料和活塞环磨损：更换填料和活塞环。

③ 配管振动：消除管道振动。

④ 气缸内有异物：清除异物并清洗。

⑤ 气缸端面线性余隙太小：增大余隙。

⑥ 气缸或活塞安装位置不正：检查并消除之。

⑦ 进、排气阀装反：检查气阀，正确安装。

【故障 14】 机体部分发生不正常振动

① 轴承或十字头滑道的间隙过大：调整各部分间隙。

② 主轴承盖或轴承座开裂：检查、修理或更换。

③ 轴承或十字头滑履巴氏合金开裂：修复、补焊或更换。

④ 气缸振动引起的机体异常振动：消除气缸振动。

⑤ 各部连接或结合不好：紧固、调整。

⑥ 地脚螺栓松动或断裂：紧固或更换地脚螺栓。

【故障 15】 管道、缓冲器、冷却器及分离器等发生不正常

振动

①管卡太松或断裂：紧固或更换。

②支撑刚性不够：加固支撑。

③管卡支架位置不当或数量不够：调整管卡支架位置，增加支架数量。

④气流脉动引起共振：查明振动原因，加节流孔板或其他措施。

⑤管线走向不好引起：改变管线走向，加大弯曲半径。

⑥配管架子振动大：加固配管架子。

【故障16】　功率消耗超过设计规定

①阀阻力太大：检查气阀弹簧力是否适当，气阀的通道面积是否足够大。

②吸气压力过低：检查管道和冷却器，如阻力太大，应采取相应措施。

③压缩机级间内泄漏：检查吸排气压力是否正常，各级排出温度是否升高，并采取相应措施。

【故障17】　润滑油消耗过多

①曲轴箱漏油：更换密封圈并拧紧。

②气缸磨损：拆卸并更换。

③压缩机倾斜：位置调整。

④润滑油管理不当：定期补给、更换。

⑤吸入粉尘：检查吸入过滤器。

第三节　速度型压缩机举例——轴流式压缩机

一、轴流式空气压缩机的工作原理

轴流式空气压缩机是一种涡轮机械，它的叶轮可使空气达到很高的速度，将很多级（可达24级）串联起来，并在它的最后一级通过一个扩压器将空气的动能转变成压力能。轴向速度型空压机的输出流量较大，但由于每一级的压力很低，因此为了能达到较高的压力常需将很多级（可达 24 级）串联起来。

　　轴流式压缩机的工作原理如图 2-5 所示，由导向器、动叶片（由若干螺旋桨状叶片安装在轮毂上形成）、静叶片、壳体等组成。图示为多级式轴流压缩机，由多级动叶片和静叶片一级一级串联而成。

　　压缩机工作时，气体先进入吸气管，流入进口导向器（具有收敛流道的静止叶栅）得到加速，随后进入动叶片，气体随着动叶片的高速旋转，压力和速度都得到提高，然后气体进入静叶片，把气流引导到下一级的进气方向，同时把气体的动能部分转换为压力能，进入下一级动叶片。这样，气体经多级压缩后（每级压力比在 1.1 左右），压力逐级地提高。在末级中，气体经一排静叶片整流导向，使气流方向变成轴向最后通过排气管排出。

　　打个比方说：一般是由一台原动机（电机）带动一根轴，轴上装有 4 个叶轮，就好像一根轴带了 4 个电扇，第一个电扇的风传给了第二个电扇，又传给了另一个电扇，最后你感觉到风的力量很大一样。轴流式空气压缩机就是这样通过叶轮把气体的压力提高的（参阅图 2-6）。

　　气体在叶轮中提高压力的原因有两个：一是气体在叶轮叶片的作用下，跟着叶轮作高速的旋转，而气体由于受旋转所产生的离心力的作用使气体的压力升高，其次是叶轮是从里到外逐渐扩大的，气体在叶轮里扩压流动，使气体通过叶轮后压力得到提高。

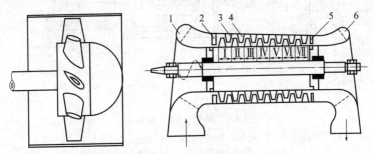

图 2-5　轴流式压缩机的工作原理

1—进气口；2,5—导向器；3—动叶片；4—静叶片；6—排气口

二、轴流式压缩机的结构举例

整个压缩机组包括：

① 主电机直接驱动一个各级共用的大齿轮；

② 每一压缩级包括一个工作叶轮，直接安装在小齿轮轴上，外面是铸铁壳体；

③ 转子包括一个整体小齿轮，由大齿轮按其最佳速度驱动；

④ 在每一压缩级之后安装一个中间冷却器；

⑤ 润滑系统，控制系统和辅助部件。

以图 2-6 所示的 H959 型轴流式空气压缩机为例进行结构说明：其中，我们常把转动的零部件称为转子，不能转动的零件称为定子，转子是轴流式压缩机的主要部件，它是由主轴 8 以及套在轴

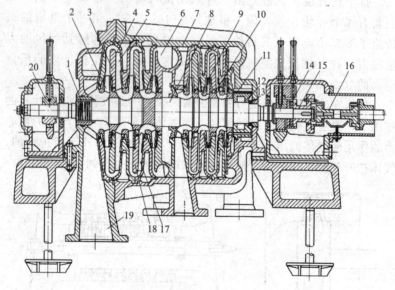

图 2-6　轴流式空气压缩机

1,11—轴端密封；2—叶轮；3—扩压器；4—弯道；5—回流器；6—蜗室；

7—机壳；8—主轴；9—轮盖密封；10—隔板密封；12—平衡盘；13—卡环；

14—止推轴承；15—推力盘；16—联轴器；17—回流器导流叶片；

18—隔板；19—吸气室；20—支持轴承

上的叶轮 2、平衡盘 12、推力盘 15、联轴器 16 和卡环 13 等组成。定子中包括机壳 7、扩压器 3、弯道 4、回流器 5 和蜗室 6 等部件。工作时，气体由吸气室 19 吸入，通过叶轮 2 对气体做功，气体在叶轮片的作用下，跟着叶轮作高速的旋转，而气体由于受旋转离心力的作用，以及在叶轮里扩压流动，使气体通过叶轮后的压力得到了提高。此外气体的速度也同样是在叶轮里得到提高，因此，可以认为叶轮是使气体提高能量的主要因素。然后气体流入扩压器里，在扩压器中将从叶轮流入的气体速度能转化为压力能，以提高气体的压力。弯道 4 和回流器 5 主要起导流作用，使气体流入下一级继续压缩。由于气体在压缩过程中温度升高，气体在高温下压缩，消耗功将会增大。为了减少消耗功，故在压缩过程中采用中间冷却，即由第三级输出的气体，不直接进入第九级，而是通过蜗室和出气管，引到外面的中间冷却器进行冷却。冷却后的低温气体，再经吸气室进入第四级压缩。最后，由末级出来的高压气体经出气管输出。

三、轴流式压缩机的故障原因分析及处理方法

【故障 1】 压缩机异常振动

① 转子对中不好：检查对中情况，必要时重新对中。

② 管道应力过大：正确固定气体管线，消除管道应力。

③ 联轴器故障：检查联轴器。

④ 联轴节不平衡：拆卸联轴节，检查其不平衡性。

⑤ 压缩机密封间隙过小：检修。

⑥ 轴承工作不正常：消除油膜涡动对轴承的影响。

⑦ 压缩机喘振或气压不稳定：设法使压缩机运行部件偏离喘振点。

⑧ 气体节带有液体或有杂质混入：更换密封，排除积水。

⑨ 叶轮过盈量小，在工作转速下消失：消除叶轮与轴装配时过盈量小的缺陷。

⑩ 压缩机转子上叶轮等零部件不均匀磨损或掉块，压缩机的不均匀腐蚀，造成转子不平衡。

⑪ 固定在转子的某些零部件产生松动、变形和位移，使转子重心改变。

⑫ 转子中有残余应力，在一定条件下，该残余应力使转子弯曲。

⑬ 定子部件与转子部件间隙过小，产生摩擦，转子受摩擦而局部升温，产生弯曲变形。

⑭ 轴承磨损、轴承座松动或压缩机的基础松动。

⑮ 转子的转速与机组的临界转速过于接近。

【故障2】 压缩机喘振

压缩机喘振时，会出现下述故障现象：压缩机的工况极不稳定，压缩机的出口压力和入口流量周期性的大幅度波动，频率较低，同时平均排气压力值下降；喘振有强烈的周期气流声，出现气流吼叫现象；机器强烈振动，机体、轴承、管道的振幅急剧增加，由于振动剧烈、轴承润滑条件遭到破坏，从而损坏轴瓦；转子与定子会产生摩擦、碰撞，密封元件将严重损坏。压缩机喘振故障原因及排除方法有：

① 运行点落入喘振区或离喘振线太近：调整机组各段压力比，改变运行工况点。

② 防喘装置未投自动：防喘装置投自动。

③ 压缩机入口温度过高：调整工艺参数，检查段间冷却器工作情况。

④ 吸入气量不足：打开防喘阀，且开与关防喘阀时要平稳缓慢。

⑤ 级间泄漏增大：更换级间密封。

⑥ 防喘振调节器整定值不正确：重新给定整定值。

⑦ 在开、停车过程中，升降速太快：应先升速后升压和先降压后降速。

⑧ 管网堵塞使管网特性改变：疏通与清洗管网。

⑨ 开与关防喘阀时不正确：关防喘阀时要先低压后高压，开防喘时要先高压后低压。如万一出现"旋转失速"和"喘振"时，首先应全部打开防喘阀，增加压缩机的流量，然后再根据具体情况

进行处理。

【故障3】 压缩机轴位移大波动

① 负荷变化大，各段压力控制不好，压力比变化大：调整工艺参数，稳定运行。

② 内部密封、平衡盘密封磨损，间隙超差或密封损坏：修理或更换各密封。

③ 齿式联轴器齿面磨损：检查更换联轴器。

④ 压缩机喘振或气流不稳定：消除喘振或旋转分离。

⑤ 推力盘端面跳动大，止推轴承座变形大：更换止推面，查找轴承座变形原因，予以消除。

⑥ 轴位移探头零位不正确或探头特性差：重新整定探头零位或更换探头。

【故障4】 轴承温度升高

① 测温热电偶元件漂移，接线松动：检查热电偶。

② 供油温度高、油质不符合要求：调整进油温度或更换补充油。

③ 润滑油压低，油量减少：检查油泵，调整润滑油压力。

④ 轴承损坏或瓦块工作性能差：检查轴承情况，必要时更换。

⑤ 轴向推力增大或止推轴承组装不当：调整工艺参数，降低轴向推力；必要时检查止推轴承，调整各密封间隙。

⑥ 轴承间隙太小：修复或更换瓦块。

【故障5】 过滤器（油水分离器）压差高

① 过滤器滤芯因长期未更换而太脏：更换过滤器滤芯。

② 油中带水：对油进行油水分离处理。

③ 机组开车期间因油温低、黏度大、压力差高而将滤芯压扁、变形：更换过滤器滤芯，提高油温。

【故障6】 联轴器齿面磨损

① 中心偏差大，齿面相对位移大：校正中心。

② 润滑不充分或干磨：检查油量，使润滑油管对准齿的部位。

③ 油质不清洁：过滤油，使油中最大颗粒$<25\mu m$。

【故障7】 联轴器齿面腐蚀

油质差，油中含有有机酸或硫化物：更换润滑油。

【故障8】　联轴器齿面点蚀

轴电流击穿而引起：检查转子剩磁情况，防止轴电流产生。

第四节　其他空压机简介

一、叶片式（滑片式）空压机

叶片式（滑片式）空压机运转平稳，排气连续、均匀、无脉动，可不装气罐稳压；工作机构易磨损（经技术处理后可提高耐磨性能），密封较困难；效率较低，适用于中低压范围。

叶片式空压机是一种单轴回转式结构的空压机，根据容积式的工作原理工作，其吸气和排气是通过由壳体内偏心设置的转子与叶片组成的容腔的容积的变化来实现的。这样它结构比较简单，进、排气频繁，所产生的压缩空气压力冲击较小，润滑采用喷油润滑的形式。

叶片式空压机的结构原理如图2-7所示。把轮子偏心安装在定子（机体）内，叶片插在转子的径向放射状槽内，叶片能在槽内滑动。当转子旋转时，各滑片主要靠离心作用紧贴定子内壁。在A-A为中心线的左半区域，叶片、转子和机体内壁构成的容积空间在转子回转过程中逐渐增大，形成负压，大气将空气压入，因此从进气口吸入空气；在A-A为中心线的右半区域，叶片、转子和

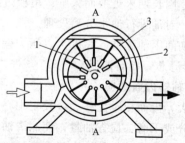

图2-7　叶片式空压机的结构原理

1—转子；2—叶片；3—定子

机体内壁构成的容积空间在转子回转过程中逐渐变小，由此从进气口吸入的空气，就逐渐被压缩排出，最后从输出口排出压缩空气。这样，在回转过程中不需要活塞式空压机中具有的吸气阀和排气阀。

如果叶片数为 n，则转子每旋转一周之中，依次有 n 个封闭容积分别进行吸气—压缩—排气—膨胀过程。正是由于转子在旋转一周之中有多个封闭容积与吸、排气管接通，因此该类空气压缩机吸排气压力脉动较小，供气不需安装很大的气罐，它特别适合于各种用气量为中小型的压缩空气源使用。

通常情况下，叶片式空压机在进气口的附近安装喷油装置，向气流喷油，对叶片、转子和机体内部进行润滑、冷却和起到密封作用，把输出的温度限制在 190℃ 左右，但排出的压缩空气中含有大量的油分，因此一般需在输出口设置油雾分离器和冷却器，以便把油分从压缩空气中分离出来进行冷却并循环使用。

无油叶片式空压机，是采用石墨或有机合成材料等自润滑材料作为叶片材料。其运转时无需添加任何润滑油，压缩空气不被污染，满足了无油化的要求。

二、螺杆式空压机

螺杆式空压机是带有两根轴的回转式空压机，它根据容积变化的原理连续地输出压缩空气，因此它输出的压缩空气没有压力冲击和压力波动。由于它没有进气阀和排气阀，因此它体积小，维修简便，而且可以以较高的转速旋转。当然其功率消耗比活塞式空压机要高。

螺杆式空压机可以做成无油润滑式结构，用于产生无油的压缩空气，但一般情况下采用喷油的形式对空压机进行润滑、冷却及密封。

螺杆式空压机的结构原理如图 2-8 所示，螺杆压缩机是容积式压缩机中的一种，其对空气的压缩是靠安装于机壳内，互相平行啮合的阴、阳转子的齿槽容积变化而实现的。转子副在与它精密配合的机壳内转动，使阴、阳螺杆转子齿槽之间的气体不断地产生周期性的容积变化而沿着转子轴线，由吸入侧推向排出侧，完成吸气、压缩、排气三个工作过程。

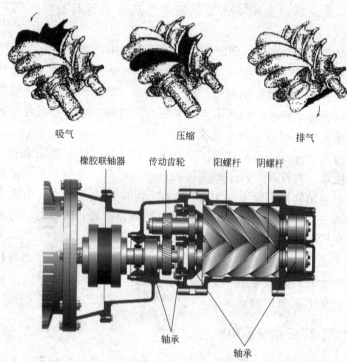

吸气   压缩   排气

图 2-8 螺杆式空压机的结构原理

由电动机带动两个啮合的螺旋转子以相反方向运动，随着转子旋转，每对相互啮合的齿相继完成相同的工作循环。气体的压缩依靠容积的变化来实现，而容积的变化又是借助压缩机的一对转子在机壳内做回转运动来达到的。只要在机壳上合理的配置吸、排气口，就能实现压缩机吸气、压缩及排气的基本工作过程。

（1）吸气过程 转子转动时，阴、阳转子的齿沟空间在转至进气端壁开口时，其空间最大，此时转子齿沟空间与进气口相通。因在排气时齿沟的气体被完全排出，排气完成时，齿沟处于真空状态，当转至进气口时，外界气体即被吸入，沿轴向进入阴阳转子的齿沟内。当气体充满了整个齿沟时，转子进气侧端面转离机壳进气口，在齿沟的气体即被封闭。

（2）压缩过程　阴、阳转子（阴、阳螺杆）在吸气结束时，阴、阳转子的齿尖会与机壳封闭，此时气体在齿沟内不再外流。其啮合面逐渐向排气端移动。啮合面与排气口之间的齿沟空间渐渐减小，齿沟内的气体被压缩，压力提高。

（3）排气过程　当转子的啮合端面转到与机壳排气口相通时，被压缩的气体开始排出，直至齿尖与齿沟的啮合面移至排气端面，此时阴、阳转子的啮合面与机壳排气口的齿沟空间为 0，即完成排气过程。在此同时转子的啮合面与机壳进气口之间的齿沟长度又达到最长，进气过程又再进行。

螺杆式空压机能输送出连续的无脉动的压缩空气。此类空气压缩机可连续输出的流量可超过 $400 \text{m}^3/\text{min}$，压力高达 1MPa。

三、罗茨式空压机

罗茨式空压机工作时在其内部无压缩过程，压缩空气的压力是在输送空气的过程中克服阻力而产生的，利用这种原理只能获得较低的压力。由于两个旋轮由同步机构驱动，这样在工作过程中它们并不会产生接触，因此也就没有必要考虑它们的润滑，罗茨式空压机主要用在气动传输机构上。

普通的直叶罗茨式压缩机通常有两叶或三叶。直叶罗茨式压缩机也有采用多级压缩的，采用多级压缩的两个主要原因是要获得更高的压缩比和减少功率消耗。采用多级压缩的两叶压缩机的操作原理如下。

在两叶压缩机中，长圆形体壳内的平行轴上安装有两个 8 字形的转子，并由一组同步齿轮保持转子同步。在图 2-9 中，假设下面的转子为主动转子，上面的转子为从动转子。当主动转子顺时针转动时，右边形成吸入口，左边形成排出口。通过同步齿轮的作用，上面的从动转子逆时针转动。在位置 1，主动转子驱使容积 A 内的气体到达排出口，同时从动转子正在封闭机壳和转子本身之间的容积 B；在位置 2，从动转子已经将容积 B 封闭在吸入口和排出口之间，容积 B 基本上处于吸入状态；在位置 3，容积 B 内的气体正在被从动转子排出，同时主动转子正处在封闭容积 A 的过程中。两叶压缩机主动轴每旋转一圈排出四次相同体积的介质，所包容的气体没有在压缩机内部被压缩，而是由系统阻力确定压力的大小。

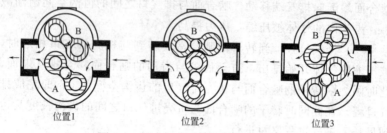

位置1　　　　　　位置2　　　　　　位置3

图 2-9　两叶罗茨式压缩机工作原理图

四、膜片式空压机

膜片式空压机能提供 0.5MPa 的压缩空气。膜片式空压机的气缸不需润滑，密封性能好，排气中不含油，但排气不均匀，有脉动，适用于小排量。对压缩空气的纯度要求较高的场合，压缩机的输出压力和寿命取决于膜片的材料和结构。由于它完全没有油，因此其广泛用于食品、医药和相类似的工业中。

膜片式空压机的结构原理如图 2-10 所示。当曲轴旋转，带动连杆上行、下行运动时，连杆带动膜片上行、下行运动，使气室容积发生变化，在下行行程时气室容积增大吸进空气，上行行程时气室容积减少压缩空气。

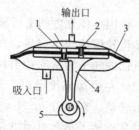

图 2-10　膜片式空压机的结构原理

1—排气阀；2—进气阀；3—膜片；4—连杆；5—曲轴

第五节　气源处理装置

一、为什么压缩空气需要处理与净化

空气中有肉眼看不到的脏物（粉粒、煤烟、砂粒、金属粉末、纤维粉末等）、有害气体、水蒸气以及空气压缩机在润滑时的润滑油雾等。空气通过压缩机被压缩成 $0.7\sim1MPa$ 的压缩空气后，空气的体积减小（如减小到 1/8），单位体积内的脏物与水蒸气等会增多（增加到 8 倍），此外当空气离开压缩机被降温后，空气内的水蒸气便会凝结成液态水分并保留在系统内。

如将该空气直接用于后续的气动元件上，密封圈及其他滑动部位会磨损，节流孔会堵塞，还会因冷凝水、配管的腐蚀而产生故障。所以需要使用空气净化系统将压缩空气中的脏物、冷凝水去掉。

污染物质对气动系统的影响如表 2-1 所示。

表 2-1　污染物质对气动系统的影响

	水分	油雾	炭	焦油	铁锈
电磁阀	• 破坏线圈绝缘 • 阀芯黏着 • 阀橡胶密封膨胀 • 缩短寿命	• 阀橡胶密封膨胀 • 缩短寿命	• 阀芯黏着	• 阀芯黏着	• 阀芯黏着
气缸 旋转气缸	• 活塞黏着 • 缩短寿命	• 缩短寿命	• 令活塞杆变坏 • 缩短寿命	• 活塞黏着	• 破坏密封圈 • 造成气缸漏气
调压阀 气动继电器	• 破坏功能 • 缩短寿命	• 破坏功能	• 阀芯黏着	• 阀芯黏着	• 阀芯黏着
气动仪器	故障·失灵				
气马达 气动工具	• 转速降低 • 缩短寿命	• 转速降低 • 黏着	黏着		

续表

	水分	油雾	炭	焦油	铁锈
喷涂	喷涂表面光滑度降低				
气动测微计	量度失误、失灵				
气动搅动	流体受到污染				

除了污物之外，空气经压缩后温度升高，这就需要对空气压缩机出来的压缩空气进行降温冷却、过滤、干燥，所以在压缩机后必须有气源净化装置部分，包括设置后冷却器、过滤器（油水分离器）、干燥器以及储存压缩空气的气罐等（如图2-11所示）。

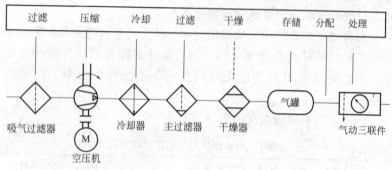

图 2-11　压缩空气的处理装置

通常，除了总气源设备对空气进行处理以外，一般在后续的分支回路（气动设备）中的前面还要再装上过滤器、调压器以及油雾器（气动三联件）进一步对压缩空气进行处理。当然这只有当总气源来的压缩空气的质量不能满足使用要求时才会用到。压缩空气的处理单元必须与经它处理的压缩空气的消耗量相适应。

二、后冷却器

所谓后冷却器，直接设置在空压机的后面，强制性地冷却压缩空气。空压机输出的压缩空气温度往往高达120～180℃，在此温度下，空气中的水分完全呈气态。后冷却器的作用就是将空压机出口的高温压缩空气冷却到40℃以下，并使其中的水蒸气和油雾冷凝成水滴和油滴，以便清除，去掉混入的水蒸气的 60% 以上，实现干燥空气的目的。后冷却器的主要作用是降温除水，后冷却器有风冷式和水冷式两大类。

1. 风冷式后冷却器的工作原理与结构举例

风冷式是靠风扇产生的冷空气吹向带散热片的热气管道，通过风扇对流过压缩空气的配管进行冷却来降低压缩空气的温度的。热交换量比水冷式小。

一般将冷却空气和排出空气的温度差设计成 7℃ 左右。压缩空气在后冷却器中的压降约为 0.3MPa。一般不需要冷却水设备，不用担心断水或水冻结，占地面积小、重量轻，但适用面积小，只适合于入口温度低于 160℃ 并且排气量较小的场合。额定流量可达 150～30000L/min（ANR）。

（1）风冷式后冷却器的工作原理

其工作原理见图 2-12。图 2-12（a）中，从压缩机输出的压缩空

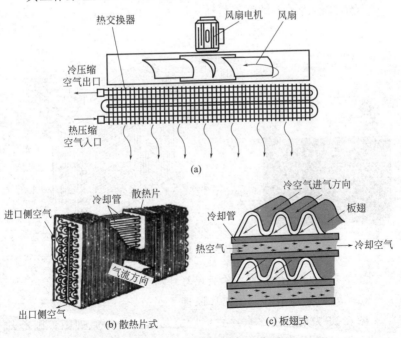

(a)

(b) 散热片式　　　(c) 板翅式

图 2-12　风冷式后冷却器的工作原理

气进入后冷却器后，经过热交换器较长的散热管道，由风扇电机带动的风扇将冷空气吹向管道，经热交换器进行热交换使压缩空气冷却，使其中的水蒸气和油雾冷凝成水滴和油滴，以便将其清除。通常，风冷式后冷却器的出口温度在 40℃左右，随进气温度和室温而有所差异。

图 2-12（b）中，热空气在冷却管内，风机吹的冷风在管外，二者之间进行热交换使热油降温。其中板翅散热片增大散热面积，提高冷却效果，如图 2-12（c）所示。

风冷式后冷却器因无需冷却水设备，故无需考虑断水问题，体积小，安装维修容易。它的结构紧凑，重量较轻，可装设出口温度计以监测使用情况。其用于入口空气温度低于 100℃，且处理空气量较少的场合时冷却效果明显。就用户的总投资讲，费用低。其有时与冷冻式干燥器做在一起节省配管。

（2）风冷式后冷却器的外观与结构举例

风冷式后冷却器的外观与结构如图 2-13 所示。

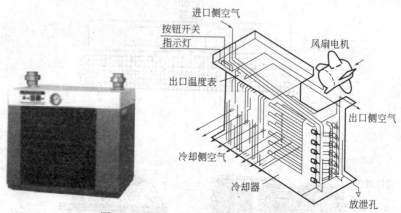

图 2-13　风冷式后冷却器的外观与结构

2.水冷式后冷却器的工作原理与结构举例

（1）水冷式后冷却器的工作原理

图 2-14 为列管式（水冷式）后冷却器的工作原理图，因冷却介质为水，它的冷却效率高，常用于中型和大型压缩机。在工作

时，一般是水在管内流动，空气在管间流动。管内流动的冷却水多为单程或双程流动，管间空气可以自由流动，也可在管间配置折流隔板 [图 2-14(a)] 使压缩空气曲折前进，或在冷却水管外表设置散热翅片（换热片）以增加热量交换 [图 2-14(b)]。压缩空气在冷却过程中生成的水滴和油滴，可通过自动排水器 9 排出。在后冷却器上应安装温度计以监测工作情况。水冷式的后冷却器入口空气温度＜200℃。

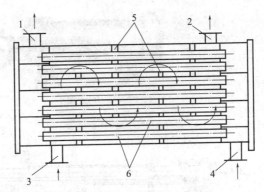

(a) 折流隔板型水冷式后冷却器的工作原理

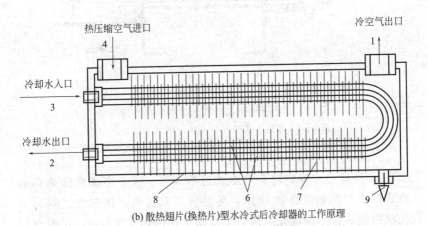

(b) 散热翅片(换热片)型水冷式后冷却器的工作原理

图 2-14 水冷式后冷却器的工作原理

1—冷空气出口；2—冷却水出口；3—冷却水入口；4—热空气进口；5—折流板；
6—冷却管；7—散热翅片（换热片）；8—外壳；9—自动排水器

水冷式的后冷却器必须保证输出空气的温度比冷却水的温度高大约 10℃左右，通常要有一侧自动排水器和后冷却器连接或做成一体以除去凝结物。后冷却器应装上安全阀、压力表，并装入水和空气的温度计。

（2）水冷式后冷却器的结构举例

① 散热翅片型水冷式后冷却器。散热翅片型水冷式后冷却器的外观与结构如图 2-15 所示。

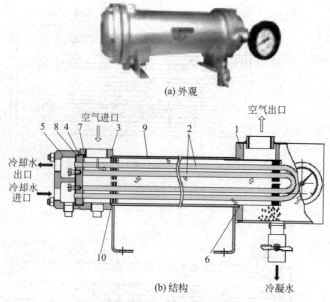

(a) 外观

(b) 结构

图 2-15　散热翅片型水冷式后冷却器的外观与结构

1—右盖；2—传热体组件；3—壳体；4—水室盖；5—左盖；
6—密封垫圈；7—密封；8—密封；9—外筒；10—散热翅片

② 铁粒型多管圆筒式水冷式后冷却器。铁粒型多管圆筒式水冷式后冷却器如图 2-16 所示：传热管环状排列、传热管之间为多孔状的金属粒子层填充的构造。冷却水在传热管内流动，压缩空气从壳体上的进口流入传热管外的金属粒子层，到达中心部的空洞处后，沿轴方向流动，再经金属粒子层，从出口流出。即使冷却水的

进出口、压缩空气的进出口变为反方向也没有问题，但冷却水和压缩空气的流路不能对换。

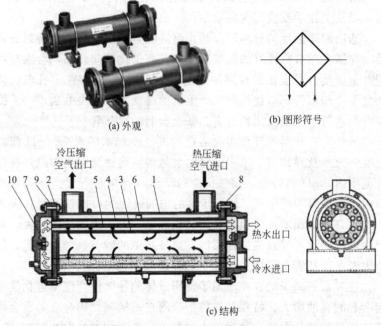

(a) 外观

(b) 图形符号

(c) 结构

图 2-16 铁粒型多管圆筒式水冷式后冷却器

1—壳体；2—管板 A；3—金属粒子盖；4—传热管；5—金属粒子；

6—挡板；7—水室盖；8—密封；9—密封；10—传感器

3. 冷却器的故障分析与排除

(1) 风冷式冷却器的故障分析与排除

【故障 1】 泄漏大，冷却效果差

引起风冷却器泄漏的主要因素有以下两方面。

① 冷却管接头漏气：检查接头密封可靠性。

② 冷却管破损：焊修破损处。

【故障 2】 噪声大

① 底座安装不牢，应予以紧固。

② 检查散热片的松脱情况，予以处置。

（2）水冷式冷却器的故障分析与排除

【故障 1】　水冷式冷却器产生腐蚀

水冷式冷却器产生腐蚀的主要原因是材料、环境（水质、气体）以及电化学反应三大要素。

选用耐腐蚀性的材料，是防止腐蚀的重要措施，而目前列管式后冷却器多用散热性好的铜管制作，其离子化倾向较强，会因与不同种金属接触产生接触性腐蚀（电位差不同），例如在定孔盘、动孔盘及冷却铜管管口往往产生严重腐蚀的现象。解决办法，一是提高冷却水质，二是选用铝合金、钛合金制的冷却管。

另外，冷却器的环境包含溶存的氧、冷却水的水质（pH 值）、温度、流速及异物等。水中溶存的氧越多，腐蚀反应越激烈；在酸性范围内，pH 值降低，腐蚀反应越活泼，腐蚀越严重，在碱性范围内，对铝等两性金属，随 pH 值的增加腐蚀的可能性增加；流速的增大，一方面增加了金属表面的供氧量，另一方面流速过大，会产生紊流涡流，导致气蚀性腐蚀；另外水中的砂石、微小贝类、细菌附着在冷却管上，也往往产生局部侵蚀。

还有，氯离子的存在增加了使用液体的导电性，使得电化学反应引起的腐蚀增大。特别是氯离子吸附在不锈钢、铝合金上也会局部破坏保护膜，引起孔蚀和应力腐蚀。一般温度增高腐蚀增加。

综上所述，为防止腐蚀，在冷却器选材和水质处理等方面应引起重视，前者往往难以改变，后者用户可想办法。对安装在水冷式冷却器中用来防止电蚀作用的锌棒要及时检查和更换。

【故障 2】　冷却性能下降

故障的原因主要是堵塞及沉积物滞留在冷却管壁上，结成硬块与管垢，使散热、换热功能降低。另外，冷却水量不足也会造成散热冷却性能下降。

解决办法是首先从设计上就应采用难以堵塞和易于清洗的结构，而目前似乎办法不多；在选用冷却器的冷却能力时，应尽量以实践为依据，并留有较大的余地（增加 10%～25% 容量）；不得已时采用物理的方法（如刷子、压力、水、蒸汽等擦洗与冲洗）或化学的方法（如用 Na_2CO_3 溶液及清洗剂等）进行清扫；增加进水量或用温度较低的水进行冷却；拧下螺塞排气；清洗内外表面积垢。

【故障3】 冷却器破损

冷却器破损的原因有：由于两流体的温度差，冷却器材料受热膨胀的影响，产生热应力；另外，在寒冷地区或冬季，晚间停机时，管内结冰膨胀将冷却水管炸裂。所以要尽量选用不易受热膨胀影响的材料，并采用浮动头之类的变形补偿结构；在寒冷季节每晚都要放干冷却器中的水。

三、主过滤器

空气过滤器的作用是：空压机送来的空气中含有水分和杂质等，空气过滤器过滤这些水分和杂质，防止它们给气动元件带来各种不良影响。

1.主管道初次过滤器

图 2-17 所示为一种主管道初次过滤器的结构原理图。气流由

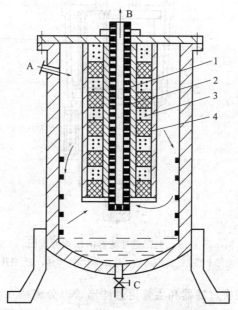

图 2-17　主管道初次过滤器结构图

1—密孔网；2—细目钢丝网；3—焦炭；4—硅胶等

A口进入筒内，在离心力的作用下分离出液滴，由C口排出，然后气体由下而上通过多片钢板/毛毡、硅胶、焦炭、滤网等过滤吸附材料，干燥清洁的空气从筒顶B口输出。

2. 主管道过滤器

主管道过滤器的作用主要是除去压缩空气中的粉尘、水滴和油污，提高装在后面的干燥器效率、延长支管过滤器的使用时间。

图2-18为一种主管道过滤器的结构原理图。滤芯的材料常用棉纸制成，用不锈钢材在两边夹紧，其过滤面积比支管过滤器大10倍，空气流经滤芯后分离出来的水、油和灰尘，流到过滤器底部，工作时由视窗可看到外壳中积存的污水，当看到液面到位后可由手动排水阀排出。

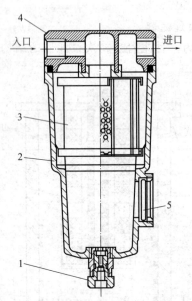

图2-18　主管道过滤器的结构原理图

1—手动排水器；2—外罩；3—过滤件；4—本体；5—视孔玻璃

主管道初次过滤器和主管道过滤器难以分离掉$0.3 \sim 5\mu m$气状溶胶油粒子及大于$0.3\mu m$的锈末、炭粒。

主管道过滤器安装在主要管路中，它必须具有最小的压力降和油雾分离能力，它能清除管道内的灰尘、水分和油。这种过滤器的滤芯一般是快速更换型滤芯，过滤精度一般为 $3\sim5\mu m$，滤芯是由合成纤维制成，纤维以矩阵形式排列。

3.过滤器的故障原因和对策

【故障1】 流量少

① 滤芯筛眼堵塞时，可更换、清洗滤芯。

② 过滤器规格选小了，而使用的空气流量大时，更换为较大规格的产品。

【故障2】 看不见滤杯内部

冷凝水、杂质附着遮住视窗时可清洗滤杯。

【故障3】 冷凝水、杂质堆积，超出标准以上

① 对手动型，如未定期排水则出现这一故障，可手动排出冷凝水。

② 对机械型，如阀座部位楔入杂质则出现这一故障，可去除杂质并进行清洗。

【故障4】 排水口漏气

① 密封件的密封不良：更换密封件。

② 排水阀发生故障：拆卸、清扫或修理，排水口堆积杂质时须清洗排水口。

【故障5】 滤杯破损

滤杯中因含有有机溶剂破坏滤杯时，可将滤杯更换为金属滤杯或尼龙滤杯。

【故障6】 合成树脂制外壳产生裂纹、破损

① 在有机溶剂的环境中使用：在有机溶剂的环境中应使用金属外壳。

② 空压机润滑油中的特殊添加剂的影响：更换别的空压机润滑油。

③ 空压机吸入的空气中，含有对树脂有害的物质：更换别的空压机润滑油。

④ 用有机溶剂清洗外壳：清洗时使用中性洗涤剂。

【故障7】 压力降增大

① 过滤器中滤芯元件阻塞：洗净或更换元件。

② 通过过滤器的流量太大，超过允许范围：使流量降到适当范围内或用大容量的过滤器替换。

四、干燥器

使用空气干燥器的目的是降低露点，空气降低到露点温度时，空气中水分达到饱和（即 100％相对湿度），露点越低，留在压缩空气中的水分就越少。空气干燥器有以下三种主要形式。

1. 吸收式干燥器

如图 2-19 所示压缩空气被强迫通过诸如干燥白垩、固态氧化镁、氯化锂或氯化钙等干燥剂，压缩空气中水分与干燥剂发生反应，它们与水气起反应形成的乳化液从干燥器底部排出，在干燥罐中，使干燥剂溶解，液态干燥剂可从干燥罐底部排出。吸收式干燥法是一个纯化学过程，根据压缩空气温度、含水量和流速，必须及时填满干燥剂。

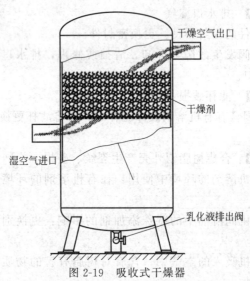

干燥空气出口

干燥剂

湿空气进口

乳化液排出阀

图 2-19 吸收式干燥器

因为化学物质是会慢慢用尽的，因此，干燥剂必须在一定的时间内进行补充。随着这类"盐"的消耗，露点会提高，但是 0.7MPa

压力下，露点降低到 5℃ 是可以实现的。

这种方法的主要优点是它的基本建设和操作费用都较低。但是其进口温度不得超过 30℃，且其中的化学物质是强烈腐蚀性的，必须仔细检查滤清，防止腐蚀性的雾气进入气动系统中。

2. 吸附式干燥器

图 2-20 是吸附式干燥器的工作原理图。其中的吸附剂（如活性氧化铝、分子筛、硅胶等）对水分具有高压吸附、低压脱附的特性。为利用这个特性，干燥器有两个充填了吸附剂的相同吸附筒 T_1 和 T_2。除去水分的压缩空气，通过二位五通阀 3 右位，从吸附筒 T_1 的下部流入，通过吸附剂层 4 流到上部，空气中的水分在加压条件下被吸附剂吸收。干燥后的空气，通过单向阀 11-1，大部分从输出口输出，供气动系统使用。同时约占 10％～15％ 的干燥空气，经过固定节流孔 12-2，从吸附筒 T_2 的顶部进入。因吸附筒 T_2 通过二位五通阀和二位二通阀与大气相通，故这部分干燥的压缩空气迅速减压，流过 T_2 中原来吸收水分已达饱和状态的吸附剂层，吸附剂中的水分在低压下脱附，脱附出来的水分随空气从湿空气出

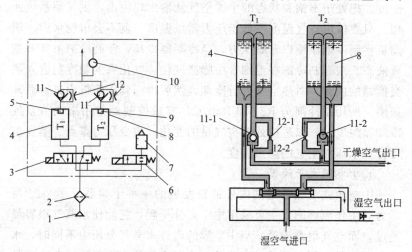

图 2-20 吸附式干燥器的结构示意图

1—空气源；2—油雾分离器；3,6—电磁阀；4,8—干燥剂筒；5,9—固定节流过滤器；7—消声器；10—湿度显示器；11—单向阀；12—固定节流阀

口排至大气，实现了不需要外加热源而吸附再生的目的。由定时器周期性对二位五通阀和二位二通阀进行切换（通常约5～10min切换一次），使 T_1 和 T_2 定期交换工作，使吸附剂轮流吸附和再生，便可得到连续输出的干燥压缩空气。在干燥压缩空气的出口处，装有湿度显示器10，可定性显示压缩空气的露点温度。

露点特别低的空气，如 $-40℃$，可用此方法干燥。

3. 冷冻式干燥器

冷冻式干燥器的工作原理是使湿空气冷却到其露点温度以下，空气中水蒸气凝结成水滴并清除出去，然后再将压缩空气加热至环境温度输送出去。

图2-21所示为IDU系列冷冻式干燥器的结构原理图。潮湿的热压缩空气经风冷式后冷却器1冷却后，进入热交换器13的外筒被预冷，再流入内筒被空气冷却器冷却到压力露点2～10℃。在此过程中，水蒸气冷凝成水滴，经自动排水器排出。除湿后的冷空气，通过热交换器外筒的内侧，吸收进口侧空气的热量，使空气温度上升，提高输出空气的温度，可避免输出口结霜，并降低了相对湿度。把处于不饱和状态的干燥空气从输出口流出，供气动系统使用。只要输出空气温度不低于压力露点温度，就不会出现水滴。压缩机将制冷剂压缩以升高压力，经冷凝器冷却，使制冷剂由气态变成液态。液态制冷剂在毛细管中膨胀气化，气化后的制冷剂进入热交换器的内筒，对热空气进行冷却，然后再回到压缩机中进行循环压缩。所用制冷剂为R22和R407C，容量控制阀是用来调节空气冷却器温度的，以适应处理空气量的变化或改变压力露点。蒸发温度计显示压缩空气的露点温度。

4. 中空膜式干燥器

中空膜式干燥器是国内外最新发展的一种干燥器，图2-22所示为其工作原理图，主要采用中空高分子膜，它能使水蒸气很容易透过，而空气很难透过。当中空膜的内外水蒸气分压力不同时，水分子即可随分压力差通过膜移动。当湿空气从中空膜通过时，膜外与大气相通，故水蒸气被除去从而在干燥器的出口处获得干燥空气。

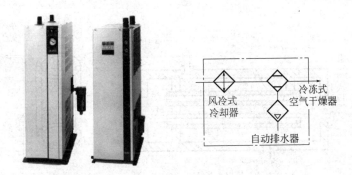

(a) 外观与图形符号

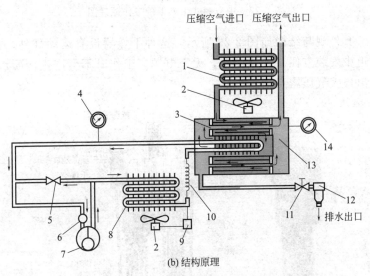

(b) 结构原理

图 2-21　冷冻式干燥器的工作原理图

1—后冷却器；2—冷却风扇；3—空气冷却器；4—温度计；5—容量控制阀；
6—抽吸储气罐；7—压缩机；8—冷凝器；9—压力开关；10—毛细管节流器；
11—截止阀；12—自动排水器；13—热交换器；14—出口空气压力表

　　将此干燥空气的一部分经可调节流阀降压后，作为清洗空气使之流过中空膜外部以保持膜内外侧间的水蒸气分压力差，使膜内侧的水蒸气可不断向外侧透过，调节节流阀开度可调节输出干空气的湿度。

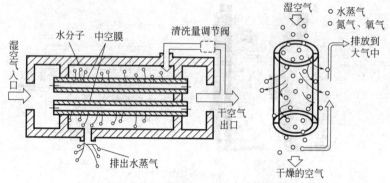

图 2-22　中空膜式干燥器的工作原理图

　　其外观与结构如图 2-23 所示。这种干燥器设有运动部件，在管道中安装方便，维修简单，无需电源，工作时不会产生冷凝水，输出口大气压露点约－20℃。

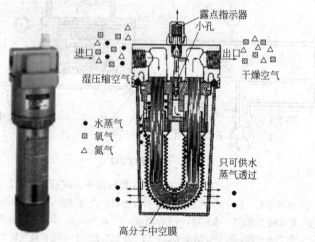

图 2-23　中空膜式干燥器的外观与结构图

　　此种干燥器通过只让水分透过，向特定的聚合细管中通加压空气来进行除湿，不需用电源，且体型小，其在医疗方面等的用途逐渐在扩大。

5.冷冻式空气干燥器的故障对策

【故障1】 露点温度太高、出口侧生成水滴

① 进气温度过高：用后冷却器等降低进气温度。

② 处理空气量过多：调整成适当的流量。

③ 冷却能力降低：检查制冷剂的泄漏，采取防漏措施并填充；调整冷凝器的通风状态；清扫冷凝器风扇。

④ 环境温度太高：降低环境温度（40℃以下）。

【故障2】 露点温度正常但出口侧生成水滴

① 自动排水器堵塞：拆卸、清扫自动排水器。

② 自动排水器冻结：提高环境温度（约5℃），使之不至于冻结。

【故障3】 电源指示灯亮但冷冻机不启动

① 电源电压太低：换成规定电压。

② 电磁开关不良：更换电磁开关。

③ 过载继电器动作不良：找出原因使其恢复正常，更换过载继电器。

④ 压力开关动作：找出原因使其恢复正常。

⑤ 压力开关不良：更换压力开关。

【故障4】 制冷剂压力开关动作

① 冷凝器不通风：移至通风良好的场所。

② 冷凝器风扇脏污：清扫。

③ 环境温度过高：降低环境温度（40℃以下）。

④ 进气温度过高：用后冷却器等降低进气温度。

【故障5】 冷冻机频繁地开、关机

① 电磁开关不良：更换电磁开关。

② 环境温度异常：将环境温度调整到5～40℃的范围内。

③ 入口温度过高：用后冷却器等降低进气温度。

④ 电压异常：调整至规定电压。

五、气罐

气罐是储存压缩空气的元件，由钢板卷绕焊接制成。

1.气罐的功能

① 平抑压缩机输出的脉动空气压力。

② 防止在短时间内大量消耗空气，导致压力急剧下降。

③ 因停电空压机不能工作时，紧急提供短时间的压缩空气。

④ 由于气罐被周围空气冷却，可分离冷凝水。

2.气罐的容量

气罐的容量由下式求出：

$$V_t = V_s / V_s (p_t - p_s) \tag{2-1}$$

式中　V_t——气罐容量，L；

　　　p_t——气源的供给压力，MPa；

　　　p_s——装置可驱动的最低压力，MPa；

　　　V_s——装置 1 个循环周期的空气消耗量，L/min。

3.气罐的组成

气罐的组成见图 2-24 所示。

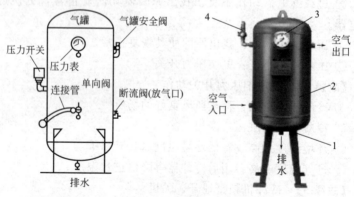

图 2-24　气罐的组成

1—排水阀；2—气罐主体；3—压力表；4—安全阀

4.气罐的使用注意事项

① 气罐属于压力容器，应遵守压力容器的有关规定，必须有产品耐压合格证明书。

② 压力低于 0.1MPa、真空度小于 0.02MPa、容积内径小于 150mm 和公称容积小于 25L 的容器，可不按压力容器处理。

③ 气罐上必须装有安全阀、压力表，且安全阀与气罐之间不得再装其他的阀等。最低处应设有排水阀，每天排水 1 次。

④ 尽量少使用弯头，以免降低压力。

⑤ 接口一定要低进高出，与空压机连接的一头一定要是低的一头，其目的是降低气体中的含水量。

⑥ 开车前检查一切防护装置和安全附件应处于完好状态，检查各处的润滑油面是否合乎标准，不合乎要求不得开车。

⑦ 储气罐、导管接头内外部检查每年一次，全部定期检验和水压强度试验每三年一次，并要做好详细记录，未经定检合格的储气罐不得使用。

⑧ 当检查修理时，应注意避免木屑、铁屑、拭布等掉入气缸、储气罐及导管内。

⑨ 机器在运转中或设备有压力的情况下，不得进行任何修理工作。

⑩ 压力表每年应校验、铅封、保存完好。使用中如果发现指针不能回零位，表盘刻度不清或破碎等，应立即更换。工作时若发生不正常的声响、气味、振动或发生故障，应立即停车，检修好后才准使用。

第三章

执行元件——气缸和气马达

气动执行元件是向外做功的元件，气动执行元件分为：往复直线运动式气动执行元件（气缸）、摆动式气动执行元件（摆动气缸）与连续旋转运动式气动执行元件（气马达）三大类，如图 3-1 所示。

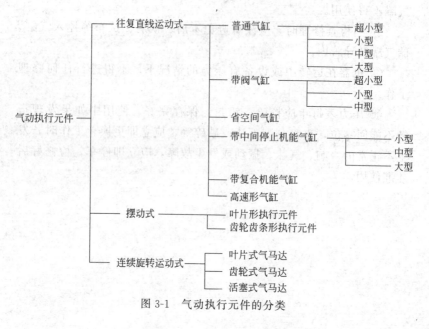

图 3-1 气动执行元件的分类

第一节 气缸

一、气缸的分类

气缸是将空气的压力能转换为往复直线运动的元件，在气动执行元件中其用途最为广泛。

气缸的种类很多，按活塞端面的受压状态分为单作用与双作用气缸，按其结构特征可分为活塞式气缸、柱塞式气缸、薄膜式气缸、叶片式摆动气缸、齿轮齿条摆动气缸等；按功能分为普通气缸和特殊气缸。气缸的分类见表 3-1 所示。

表 3-1　气缸的分类

类别	名称	简图	特点
单作用气缸	柱塞式气缸		压缩空气只能使柱塞向一个方向运动；借助外力或重力复位
	活塞式气缸		压缩空气只能使活塞向一个方向运动；借助外力或重力复位
			压缩空气只能使活塞向一个方向运动；借助弹簧力复位；用于行程较小场合
	薄膜式气缸		以膜片代替活塞的气缸。单向作用；借助弹簧力复位；行程短；结构简单，缸体内壁不须加工；须按行程比例增大直径。若无弹簧，用压缩空气复位，即为双向作用薄膜式气缸。行程较长的薄膜式气缸膜片受到滚压，常称滚压（风箱）式气缸
双作用气缸	普通气缸		利用压缩空气使活塞向两个方向运动，活塞行程可根据实际需要选定，双向作用的力和速度不同
	双活塞杆气缸		压缩空气可使活塞向两个方向运动，且其速度和行程都相等
	不可调缓冲气缸	(a) 一侧缓冲 (b) 两侧缓冲	设有缓冲装置以使活塞临近行程终点时减速，防止冲击，缓冲效果不可调整

续表

类别	名称	简图	特点
双作用气缸	可调缓冲气缸	(a) 一侧可调缓冲 (b) 两侧可调缓冲	缓冲装置的减速和缓冲效果可根据需要调整

二、气缸的工作原理和结构举例

1. 单作用气缸的工作原理和结构举例

单作用气缸一个方向上的输出力是由压缩空气产生的，而它另一个方向上的运动由弹簧或外力（如重力）来实现。所有只在一个方向上需要输出力而另一个方向上的运动无负载的场合都可使用单作用气缸，它只有一个主气口。

现以弹簧复位的单作用气缸为例进行工作原理的说明。

（1）工作原理　弹簧复位的单作用气缸的工作原理如图 3-2 所示。图 3-2(a) 中当压缩空气从主气口 P 口进入时，压缩空气推动活塞 1 与活塞杆 4 向左运动（压缩复位弹簧 2）并输出力，此时气缸左腔需设置小吸排气口 A（非主气口）将弹簧腔的空气排入大气，否则气缸运动不会正常。反之当图 3-2(b) 中气缸右腔的主气口 P 卸压（通大气），依靠复位弹簧 2 的弹簧力使活塞 1 与活塞杆 4 右行，气缸左腔通过小吸排气口 A 从大气吸入空气，否则气缸向右运动也不会正常。

（2）结构举例　其结构有弹簧装在杆端与弹簧装在无杆端两种，其结构分别如图 3-3(a) 与图 3-3(b) 所示。

2. 双作用气缸的工作原理和结构举例

双作用气缸有两个主气口，在两个方向上都有输出力，且两个方向上的运动都是通过压缩空气的推动来实现的。因而双作用气缸有进、出两个主气口 A 与 B，分为单活塞杆缸与双活塞杆缸两类。

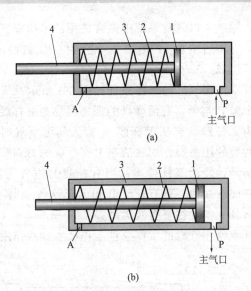

图 3-2 弹簧复位的单作用气缸的工作原理

1—活塞；2—复位弹簧；3—缸体；4—活塞杆；P—主气口；A—小吸排气口

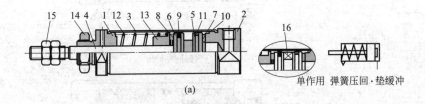

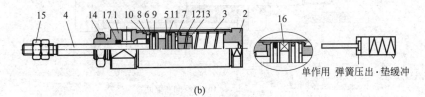

图 3-3 单作用气缸

1—有杆侧缸盖；2—无杆侧缸盖；3—缸筒；4—活塞杆；5—活塞 A；

6—活塞 B；7—缓冲垫 A；8—缓冲垫 B；9—活塞密封圈；10—缸筒静密封圈；

11—耐磨环；12—复位弹簧；13—弹簧座；14—安装用螺母；

15—杆端螺母；16—磁环；17—杆密封圈

（1）工作原理　以气动系统中最常使用的单活塞杆双作用气缸为例来说明，它由后端盖 1、活塞 2、密封件 3、缸筒 4、前端盖 5 及活塞杆 6 等组成。

单活塞杆双作用气缸的工作原理如图 3-4 所示。气缸内部被活塞 2 分成两个腔 B 与 A，有活塞杆的那一腔称为有杆腔，无活塞杆的那一腔称为无杆腔。当从无杆腔 A 输入压缩空气时，有杆腔 B 排气，气缸两腔的压力差作用在活塞上所形成的力克服阻力负载推动活塞向左运动，使活塞杆伸出；当有杆腔 B 进气无杆腔 A 排气时，使活塞杆向右缩回。若有杆腔 B 和无杆腔 A 交替进气和排气，活塞 2 与活塞杆 6 实现往复直线运动。

双活塞杆双作用气缸的工作原理与单活塞杆双作用气缸相同。

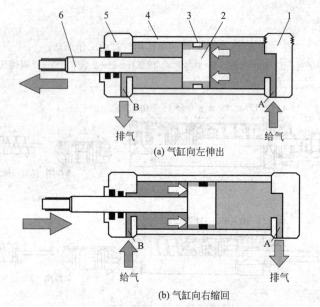

图 3-4　双作用气缸的工作原理
1—后端盖；2—活塞；3—密封件；4—缸筒；5—前端盖；6—活塞杆

（2）结构举例——单活塞杆双作用气缸　图 3-5 所示为日本 CKD 公司产的 CMK2 系列单活塞杆双作用气缸的结构，它由缸筒

6、杆侧端盖5、无杆侧端盖13、活塞（活塞A与活塞B组成）、活塞杆2、密封件和紧固件等零件组成。

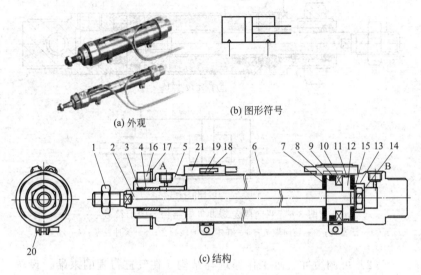

(a) 外观　　　　　(b) 图形符号

(c) 结构

图 3-5　CMK2 系列单活塞杆双作用气缸（日本 CKD 公司）

1—活塞杆螺母；2—活塞杆；3—防尘圈；4—活塞杆导向套；5—杆侧端盖；
6—缸筒；7—缓冲橡胶；8—活塞 A；9—活塞密封圈；10—磁铁；11—支承环；
12—活塞 B；13—无杆侧端盖；14—内六角螺钉；15—垫圈；16—锁紧螺母；
17—带齿垫圈；18—舌簧开关；19—外套；20—小螺钉；21—行程开关导轨

当压缩空气从 B 口进入无杆腔（右腔）时，压缩空气作用在活塞12右端面上的力将克服各种反向作用力，推动活塞向左运动，有杆腔内的空气从 A 口排入大气，使活塞杆向左伸出。反之，当压缩空气从 A 口进入有杆腔时，活塞便向右运动，B 口排气，活塞杆缩回。气缸无杆腔和有杆腔的交替进气和排气，使活塞杆伸出和退回，气缸便实现往复直线运动。

3.带缓冲装置气缸的工作原理和结构举例

（1）固定缓冲气缸结构原理　固定缓冲气缸是指在缓冲行程内，缓冲速度不可调节的气缸，图 3-6(a) 所示为其结构。左边为缓冲套4产生固定缓冲作用，右边为缓冲柱塞5产生固定缓冲作用。这种未设置缓冲节流调节阀的缓冲机构叫固定缓冲。

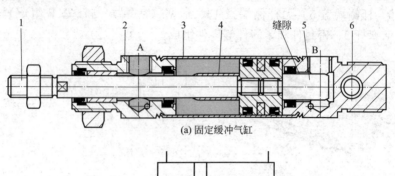

(a) 固定缓冲气缸

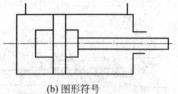

(b) 图形符号

图 3-6   双向固定缓冲气缸结构与图形符号

1—活塞杆；2—导向端盖；3—缸体；4—缓冲套；5—缓冲柱塞；6—端盖

（2）可调缓冲气缸工作原理与结构   在气缸行程的末端，设置于气缸内的缓冲机构，可以避免具有巨大惯性力的活塞在行程末端停止时发生的冲撞。为使气缸停止时不产生冲击，可以采用内部缓冲或外部缓冲两种形式。

① 外部缓冲形式：在排气回路中串入节流阀的气动缓冲形式，借助于机械缓冲元件，如液压缓冲器、定位装置与节流阀等。

② 内部缓冲形式：通过装于缸内气缸行程末端缓冲装置，如缓冲柱塞所封闭的活塞容腔中建立起一定的压力来实现缓冲的，节流口的大小及活塞速度的快慢影响这个压力的高低以及缓冲的效果。

内部缓冲机构的原理如图 3-7 所示。在气缸向右运动的行程未进入行程末端时，从 b→d→B 口排气通畅无阻，气缸向右快速运动；在气缸向右运动进入行程末端时，缓冲柱塞 2 被缓冲密封关闭 b→通路，b 腔排气通路只能是 b→a→缓冲节流调节阀 4 调节的节流小通道 c→B 口排气，排气受阻而使气缸向右运动的速度变慢。

（3）双活塞杆双作用带可调缓冲气缸的结构   图 3-8 所示为日本 SMC 公司产的 MBW 系列双活塞杆双作用带缓冲气缸的结构。

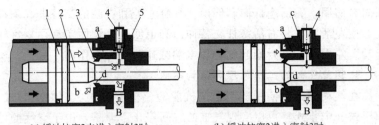

(a) 缓冲柱塞2未进入密封3时　　　(b) 缓冲柱塞2进入密封3时

图 3-7　可调缓冲机构的工作原理

1—活塞；2—缓冲柱塞；3—缓冲密封；4—缓冲节流调节阀；5—缸盖

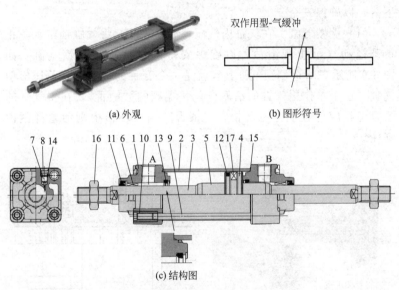

双作用型-气缓冲

(a) 外观　　　(b) 图形符号

(c) 结构图

图 3-8　MBW 系列双活塞杆双作用气缸（日本 SMC 公司）

1—杆侧缸盖；2—缸筒；3—活塞杆；4—活塞；5—缓冲套；6—衬套；7—缓冲阀；
8—止动环；9—拉杆；10—拉杆螺母；11—杆密封圈；12—活塞密封圈；13—缓冲
密封圈；14—缓冲阀密封圈；15—缸筒静密封圈；16—杆端螺母；17—磁石

　　当压缩空气从 B 口进入缸右腔时，压缩空气作用在活塞 4 右端面上的力将克服各种反向作用力，推动活塞向左运动，缸左腔内的空气从 A 口排入大气，使左活塞杆向左伸出，右活塞杆向左缩回；反之，当压缩空气从 A 口进入左腔时，活塞便向右运动，左活塞杆向右缩回，右活塞杆向右伸出。气缸左腔和右腔的交替进气和排气，使左活塞杆与右活塞杆交替伸出和退回，气缸便实现往复直线运动。左右缓冲密封圈起到行程末端减速防止冲击作用。

4.锁紧气缸的工作原理和结构举例

在气动回路中使用适当中位机能的三位五通阀，例如中封式、中压式、中止式，可以实现气缸的中间停止。但是，由于空气的可压缩性，这种方式的停止精度往往不高，大多在几个毫米左右。如果需要较高的停止精度，需要使用锁紧气缸。

锁紧气缸用于高精度的中途停止、异常事故的紧急停止和防止下落，以确保安全。

（1）端锁气缸　在气缸内气压释放完之前，将气缸锁定，防止负载拖动气缸出现事故，以确保安全的气缸称为端锁气缸。如图3-9所示，所谓端锁气缸其实就是一个变种的单作用弹簧压出型气缸，这个单作用气缸的活塞杆就是端锁的"锁舌"，在主气缸的活塞杆相应位置上开有环槽，"锁舌"插入环槽中则活塞杆就被锁住。

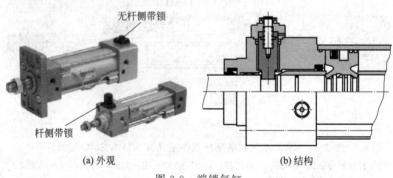

(a) 外观　　　　　　　　　　(b) 结构

图 3-9　端锁气缸

端锁气缸的使用方法与标准气缸一样，供气驱动气缸时，气压顶起端锁的活塞，气缸解锁运动；在行程末端，切断气源后，端锁活塞靠弹簧的弹力复位，使活塞杆在原位被锁住。这种气缸还提供有手动开锁功能（见图3-10），方便用户调试和紧急情况处理。

手动解除锁定的方法如图3-10所示。压下旋钮后逆时针回转

90°，当螺帽上的▲标记与 M/O 旋钮的▼OFF 标记对上时，锁便解除（锁解除保持）；要锁定时，按下旋钮后顺时针方向回转 90°，螺帽上的▲标记与旋钮的▼ON 标记对上，这时，在发出咔嗒声的位置，必须确认立即停止，如不立即停止，则会造成锁不住。

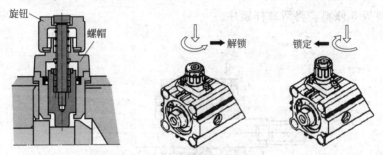
图 3-10　手动解除锁定的方法

图 3-11 为端锁气缸的应用回路举例。

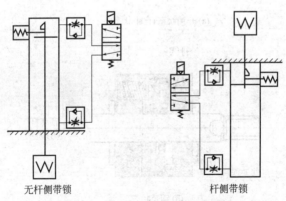
图 3-11　端锁气缸的应用回路举例

（2）单向锁紧气缸　如图 3-12 所示，单向锁紧气缸一般采用斜板式锁紧方式。该锁只有一个通气口，当通气口排气时，偏心的弹簧力使锁紧环倾斜，将活塞杆紧紧锁住；当通气口加压时，气压推动锁紧环复位，此时为开锁状态，活塞杆可自由移动。常见的有CL1、CLQ、MLGP、MLU 等系列产品。

① 斜板式锁紧方式的特点：弹簧锁锁紧时的保持力大，停止精度高。但是斜板式锁紧方式具有方向性，只能单向锁紧。

② 斜板式单向锁紧气缸的工作原理：解锁口通入空气压力，作用在释放活塞4上，运动斜板5向右压缩弹簧7，松开活塞杆，使活塞可以自由移动（开锁）；排气时，由于弹簧7弹力的作用使斜板5倾斜，将活塞杆锁住。

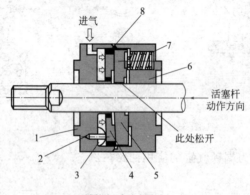

(a) 开锁状态(自由状态)

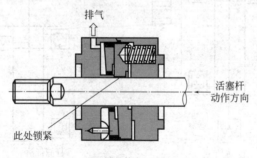

(b) 锁紧状态

图 3-12　CL1 系列锁紧气缸杆端侧的锁紧机构
1—主体；2—弹簧销；3—支框；4—释放活塞；5—锁紧环（斜板）；
6—盖；7—弹簧；8—密封

(3) 双向锁紧气缸　如图 3-13 所示，这种锁紧气缸采用"杠杆＋楔形锁紧方式"，锁紧装置由制动活塞、制动臂、制动弹簧、压轮、制动瓦和制动瓦座等零件组成。气缸的活塞杆在制动瓦内穿过，制动臂等形成杠杆扩力机构，以增大夹紧力。

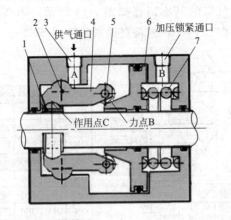

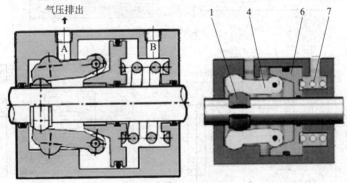

图 3-13　双向锁紧气缸

1—制动瓦；2—回转支点；3—开放通口；4—制动臂；5—压轮；
6—制动活塞；7—制动弹簧

① 解锁状态：当供气通口 A 口加压、B 口排气时，制动瓦处于自由状态，活塞杆可以自由运动，此为解锁状态。该锁有三种制动方式，分别是弹簧制动式（B 口作为呼吸口）、气压制动式（去掉制动弹簧）和弹簧＋气压制动式（B 口加压与弹簧力共同作用）。

② 锁住状态：当供气通口 A 排气、加压锁紧通口 B 口加压时，制动活塞 6 左移，活塞锥形面作用在压轮 5 上使其向外扩张，

使制动臂 4 围绕回转支点 2 逆时针方向摆动，制动臂 4 以作用点 C 压在制动瓦 1 上，便以产生很大的力将活塞杆锁住。

双向锁紧气缸的基本回路如图 3-14 所示，图 3-14（a）为水平锁紧回路图，图 3-14（b）为垂直锁紧回路图。

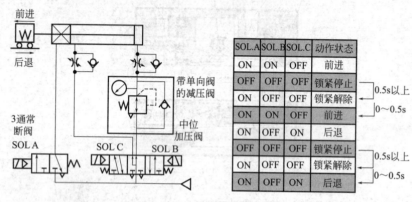

SOL.A	SOL.B	SOL.C	动作状态	
ON	ON	OFF	前进	
OFF	OFF	OFF	锁紧停止	0.5s以上
ON	OFF	OFF	锁紧解除	0～0.5s
ON	ON	OFF	前进	
ON	OFF	ON	后退	
OFF	OFF	OFF	锁紧停止	0.5s以上
ON	OFF	OFF	锁紧解除	0～0.5s
ON	OFF	ON	后退	

(a) 水平锁紧回路图

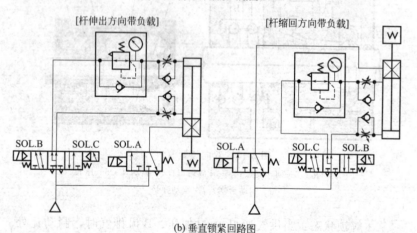

(b) 垂直锁紧回路图

图 3-14　双向锁紧气缸的基本回路

5. 增压缸的工作原理和结构举例

希望用小口径的气缸获得高输出时，必须要提高气缸压力。但是，在工厂末端得到的气压是有限度的，由此出现了增压元件，分为用气压使液压增压的单作用增压缸（气液增压器）和利用气缸连续产生增大气压的气动双作用增压缸（增压器）。

（1）单作压增压缸的工作原理和结构

① 工作原理。如图 3-15（a）所示，活塞杆两端大小活塞面积不相等，当从气缸通入压缩空气时，利用压力和面积乘积不变原理（$A_1 p_1 = A_2 p_2$），可使液压缸小活塞端腔输出单位压力增大，实现增压。

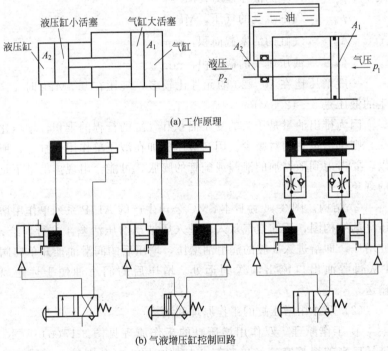

(a) 工作原理

(b) 气液增压缸控制回路

图 3-15　单作压增压缸的工作原理和回路

图 3-15（b）所示为气液增压缸控制回路，其中图 3-15（b）左图的工作缸无杆腔充油液，另一侧有杆腔充空气，气液增压缸使工作缸获得高压输出，工作缸的进退动作由手动换向阀控制；图 3-15（b）中图回路增加了一个气液转换器，工作缸的两个腔室都进油，是个液压缸。图 3-15（b）右图回路采用了两个气液增压

缸，使工作缸在进退两个方向上都能产生高压输出，且进退动作速度可调。

气液增压缸，是气缸和液压压头组合而成，是将气缸前进时的推力通过压头转换为液压的元件。此时产生的液压，可以从气缸的活塞截面积和压头的断面积以及气缸活塞所承受的气压，以下面的公式求得：

$$p_2 = A_1 p_1 / A_2 (MPa)$$

式中　p_2——产生的液压压力，MPa；

$\quad\quad p_1$——气缸承受的气压，MPa；

$\quad\quad A_1$——气缸的活塞截面积，mm^2；

$\quad\quad A_2$——液压压头的截面积，mm^2。

一般增压比在 $10\sim25$ 的元件比较多，气压在 0.5MPa 时，产生的液压是 $5\sim12.5MPa$。

因为排出油量是压头的受压面积和气缸的行程的乘积，增压比高，则排出量就相对减少。因高液压施加在液压单作用气缸上，所以，要考虑到随着油的泄漏或配管的膨胀，可能会出现排出量不足的现象。

② 结构。图 3-16 为日本 SMC 公司生产的 ALIP 系列单作用增压缸的结构图，压缩空气从入口进入后推动增压活塞 4 左行，给 a 腔增压，即给进入 a 腔的润滑油增压，增压后的润滑油推开单向阀 1 从润滑油出口流出输送到远处。增压后的润滑油便于远距离输送。

(2) 双作用增压缸的工作原理和结构

① 工作原理。双作用增压缸的工作原理见图 3-17(b) 所示。进气口来的压缩空气经单向阀 3 与填密片 4 可分别进入增压腔 A 与增压腔 B。进气口来的压缩空气经减压阀调压后再经换向阀左位可进入驱动腔 B，经换向阀右位可进入驱动腔 A，即若换向阀左位（图示位）工作，经减压阀调压后的压缩空气进入驱动腔 B，推动活塞与活塞杆左行，由于作用面积差，给增压腔 B 增压，增压后的压缩空气推开单向阀 3 由出气口流出。反之即若换向阀右位工作，经减压阀调压后的压缩空气进入驱动腔 A，推动左边的活塞与

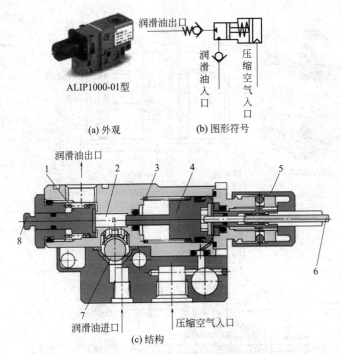

(a) 外观   (b) 图形符号

图 3-16 ALIP 系列单作用增压缸

1—出油口单向阀弹簧；2—增压腔；3—活塞复位弹簧；4—活塞；

5—手柄；6—指示器；7—进油口单向阀阀芯（钢球）；8—出油口单向阀阀芯

活塞杆右行，由于作用面积差，给增压腔 A 增压，增压后的压缩空气推开单向阀 3 由出气口流出。

这样只要机动换向阀不断换向（工作过程中可以这样），从出气口可以连续不断地输出经增压的较高压力的压缩空气。

② 结构。双作用增压缸的结构与图形符号如图 3-17(c) 所示。

（3）带气液转换器的气液增压器的结构原理 图 3-18 所示为带气液转换器的气液增压器的结构原理图。

一般使用液压缸时，不是全行程都需要高输出（如快速进给），为此，不需要高输出的行程中则低液压进给，而需要高输出的行程中则产生高液压，这就是带气液转换器的气液增压器。比起气液增

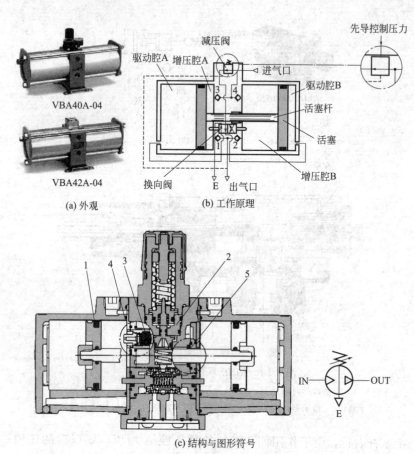

(a) 外观

(b) 工作原理

(c) 结构与图形符号

图 3-17　VBA 系列双作用增压缸

1—活塞密封；2—调压阀组件；3—单向阀；4—填密片（密封）；5—活塞杆密封

压器，有移动距离变长、可以通过气液转换器移动、减少空气消耗量等优点。

图 3-18(a) 中，从气口 P3 送入空气时，油箱内的液压油使液压气缸（气液转换器）压头（活塞）快速向前推进。推力与气压相同，但流入的油量是大容量。

图 3-18(b) 中，从气口 P1 送入空气时，压头向前推进，液压气缸内流入高油压，产生强推力使压头（活塞）前进。

图 3-18(c) 中,将空气送入气口 P 和气口 P2 时,液压气缸压头(活塞)快速返回。同时,压头也后退。

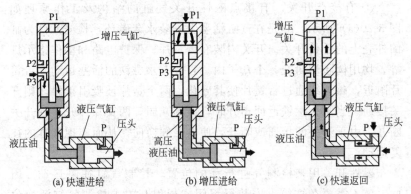

(a) 快速进给　　　　　(b) 增压进给　　　　　(c) 快速返回

图 3-18　带气液转换器的气液增压器(AHB)

6. 带磁性开关气缸的结构原理举例

(1) 带磁性开关气缸的结构　带磁性开关气缸的结构原理如图 3-19 所示,气缸活塞上装有永久磁环。

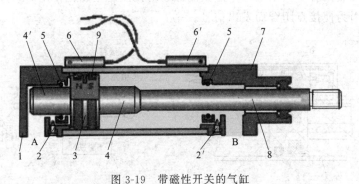

图 3-19　带磁性开关的气缸

1—缸后盖;2,2′—缓冲调节螺钉;3—安装有永久磁环的气缸活塞;

4,4′—缓冲柱塞;5,5′—缓冲密封圈;6,6′—磁性开关;

7—缸前盖;8—活塞杆;9—气缸活塞密封

(2) 两类磁性开关　磁性体检测开关是将永磁铁装入开关内部,调整永磁铁的位置,使得在磁性体活塞不接近开关状态时,开关不动作。磁性体活塞刚一接近开关,因磁场发生变化开关动作。

这种方式中若活塞是磁性体、缸筒是非磁性体，可在气缸设置后再根据需要安装磁性开关。

① 有接点开关。有接点磁性开关气缸的结构及工作原理如图 3-20(a) 所示，它是在气缸活塞上安装永久磁环，检测元件为缸筒外壳上的舌簧开关。开关内装有舌簧片、保护电路和动作指示灯等，均用树脂塑封在一个盒子内。当装有永磁铁的活塞运动到舌簧片附近，磁力线通过舌簧片使其磁化，两个簧片被吸引接触，则开关接通。当永久磁铁返回离开时，磁场减弱，两簧片弹开，则开关断开。由于开关的接通或断开，使电磁阀换向，从而实现气缸的往复运动。

磁性开关用来检测气缸行程的位置，控制气缸往复运动。因此，就不需要在缸筒上安装行程阀或行程开关来检测气缸活塞位置，也不需要在活塞杆上设置挡块。

作为检测元件的舌簧接点开关的构成如图 3-20(b) 所示。舌簧接点开关的接点是用磁性体制成的，惰性气体（N_2）和接点密封在玻璃管中，当活塞中磁铁的磁场对接点产生磁化作用时，产生吸引力使接点闭合而发出信号。

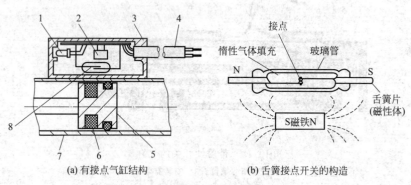

(a) 有接点气缸结构　　　　(b) 舌簧接点开关的构造

图 3-20　有接点开关
1—动作指示灯；2—保护电路；3—开关外壳；4—导线；
5—活塞；6—磁环；7—缸筒；8—舌簧开关

② 无接点开关。检测元件使用霍尔元件、磁阻元件等半导体或者使用强磁性合金薄膜制成的磁电变换元件，内藏放大回路。

无接点气缸开关的构造和工作原理如图 3-21(a) 所示。装入活塞内的永磁铁，随着与开关的接近使开关受磁场的影响。磁阻元件的输出电压如图 3-21(b) 所示，信号经过放大能得到如图所示的开关输出范围。指示灯（红色发光二极管）同时发光。磁阻元件一般用比半导体温度系数小，磁化强度高的合金薄膜制成。

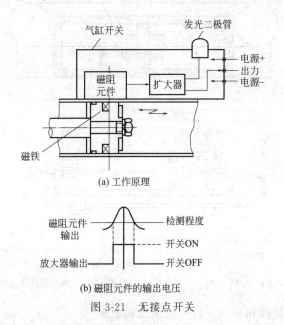

图 3-21　无接点开关

7. 无活塞杆气缸的结构原理举例

当气缸行程较长时，使用带有活塞杆的气缸容易使活塞杆发生弯曲变形，因此常常利用无活塞杆式气缸来解决这种问题。

（1）缆索式气缸的结构原理　钢索式无活塞杆气缸见图 3-22，是以柔软的、弯曲性大的钢丝绳代替刚性活塞杆的一种气缸。活塞 1 与钢丝绳 2 连在一起，活塞 1 在压缩空气推动下往复运动。A 口进气，活塞 1 往右运动，滑轮 3、4 均逆时针方向旋转，牵动载荷 5 向左运动；反之 B 口进气，活塞 1 往左运动，滑轮 3、4 顺时针方向旋转，牵动载荷 5 向右运动。这样安装两个滑轮，可使活塞与载荷的运动方向相反。

这种气缸的特点是可制成行程很长的气缸，如制成直径为25mm，行程为6m左右的气缸也不困难。钢索与导向套间易产生泄漏。

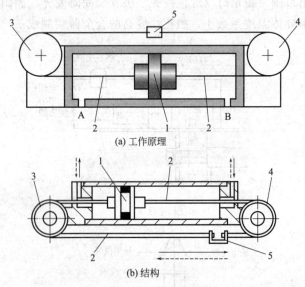

(a) 工作原理

(b) 结构

图 3-22　钢索式气缸

1—活塞；2—钢丝绳；3—左滑轮；4—右滑轮；5—移动连接件（载荷）

（2）机械接触式无杆气缸的结构原理

① 工作原理。机械接触式无杆气缸，其结构如图 3-23 所示。在气缸不等壁厚的铝质缸筒较薄处沿长度方向开有一条槽，槽上设有内、外密封带。内密封带在气压作用下压向缸筒起密封作用，外密封带作防尘用。活塞与滑块在槽上部移动。为了防止泄漏及防尘需要，在开口部采用聚氨酯密封带和防尘不锈钢带固定在两端缸盖上，活塞架穿过槽，把活塞与滑块连成一体。活塞与滑块连接在一起，带动固定在滑块上的执行机构实现往复运动。

马鞍形活塞由槽缝突出于外侧并将活塞运动直接传于连接架上。活塞架又将内外密封带分开，内密封带从活塞架中穿过，外密封带则在活塞架顶部与滑块（连接架）之间。未被活塞架分开处的内外密封带相互夹持在缸筒槽上起密封作用，它们的两端都固定在缸盖上。气压推动活塞并通过活塞架带动滑块（连接架）运动，活塞架推开内、外两密封带，等活塞通过后两密封带又互相夹持保持密封。

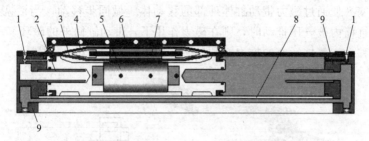

图 3-23　机械接触式无杆气缸的工作原理

1—节流阀；2—缓冲柱塞；3—内密封带；4—不锈钢防尘外密封带；

5—活塞；6—滑块；7—活塞架；8—铝制缸筒；9—缸盖

② 结构。这种气缸的结构如图 3-24 所示，其特点是：与普通气缸相比，在同样行程下可缩小 1/2 安装位置；不需设置防转机构；适用于缸径 10～80mm，最大行程在缸径为 40mm 时可达 7m；速度高，标准型可达 0.1～0.5m/s，高速型可达到 0.3～3.0m/s。其缺点是：密封性能差，容易产生外泄漏，在使用三位方向阀时，中位必须采用中压式；受负载力小，为了增加负载能力，必须增加导向机构。

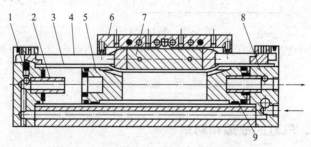

图 3-24　机械接触式无杆气缸的结构举例

1—节流阀；2—缓冲柱塞；3—内密封带；4—防尘外不锈钢密封带；

5—活塞；6—滑块；7—活塞架；8—铝制缸筒；9—缸盖

（3）磁性无杆气缸的结构原理　图 3-25 所示为日本 SMC 公司生产的磁性无杆气缸结构。该气缸是在活塞上安装一组高强磁性的内磁环（永久磁环）4，磁力线通过薄壁缸筒 11 与套在缸筒外面的另一组外磁环 2 作用，由于两组磁环磁性相反，其有很强的吸力，活塞 8 便通过磁力带动缸体外部的移动体 1 做同步移动。当活塞 8 在缸筒内被气压推动时，则在磁力作用下，带动缸筒外的磁环套一起移动。气缸活塞的推力必须与磁环的吸力相适应。

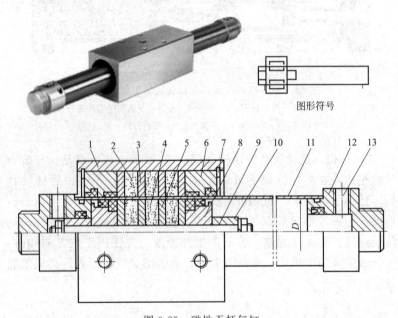

图形符号

图 3-25　磁性无杆气缸

1—移动体（套筒）；2—外磁环；3—外磁导板；4—内磁环；5—内磁导板；
6—压盖；7—卡环；8—活塞；9—活塞轴；10—缓冲柱塞；
11—薄壁缸筒；12—端盖；13—进、排气口

三、气缸的故障和对策

1.气缸的故障现象与故障部位的关系

气缸的故障现象与故障部位的关系如表 3-2 所示。

表 3-2 气缸的故障现象与故障部位的关系

系统类 不良部位	安装、调整时											使用时										
	A 不动作	B 在行程途中停止	C 爬行现象	D 速度太慢	E 速度太快	F 跳出现象	G 启动缓慢	H 缓冲不起作用	I 声音异常	J 活塞杆漏气	K 中间停止状态时进行动作	L 不动作	M 在行程途中停止	N 爬行现象	O 速度太慢	P 速度太快	Q 跳出现象	R 启动缓慢	S 缓冲不起作用	T 声音异常	U 活塞杆漏气	V 中间停止状态时进行动作
供给气压、流量（减压阀，配管尺寸）	★	○	★	★			○		○			★	○	★	★			○		○		
配管的空气泄漏	△	△	○	○					△			△	△	○	○			○		△		★
换向阀	★		★	★								★	△	★	△			★				★
油雾器的润滑油	△	△		△	★		△		△			△	△	★	△			○		★	○	
滤芯筛眼堵塞	★	△		△				○	○				△	★	△			○		★		
速度控制阀（调整，安装方向）	★			★	★	★	○		△		★	★		★	★	★	○					
气缸开关、限位开关的传感器类	○	★			○			△			★						○		○	△		
安装部位的芯振动（导杆连接）		★	★	★		★	★	△	★	★		★	★	★	★	○	○	★	△	★	★	
连杆机构	★	★	★	★		★	★	★	★	○		△	★	★	★	○	○	★	△	★	★	
相对于使用条件输出不足（负荷太大）	★	○	★	★			★	★					△	△	△			○	○			

续表

类别	不良部位	A	B	C	D	E	F	G	H	I	J	K	L	M	N	O	P	Q	R	S	T	U	V
		不动作	在行程途中停止	爬行现象	速度太慢	速度太快	跳出现象	启动缓慢	缓冲不起作用	声音异常	活塞杆漏气	中间停止状态时进行动作	不动作	在行程途中停止	爬行现象	速度太慢	速度太快	跳出现象	启动缓慢	缓冲不起作用	声音异常	活塞杆漏气	中间停止状态时进行动作
			安装、调整时											使用时										
气缸类	调整缓冲针阀		○						★	△										★	△		
	缸筒变形	★	○	△	△		○	★		△		△	○	○	△	○			○		△		△
	活塞杆弯曲变形	★	★	○	○			★		△	★	★	★	★	★	○			★		★		
	活塞密封圈磨损、划伤	△	△	★	△			△				★	△	△	△	○		△	○		★	★	★
	活塞杆密封圈磨损、划伤	△	○		△			△	○		★		△	△		△			○			★	★
	缓冲密封圈磨损、划伤											△								★			
	拉杆安装不当	△	△	△	△		△	△		△		△	△	△	△	△		△	△	△	△		△
	气缸的支撑金属件的芯振动	○	○	★			○	○		○	○	○	○	○	★	○		○	○	○	○	○	

注：★—影响大；○—影响中等；△—影响不大。

2.故障分析与排除方法

【故障1】 气缸不动作

① 气缸安装时不同心、径向负载大。

② 气源无压力或者压力不足：确保压力源正常工作，检查减压阀及全体管路。

③ 缸前面的方向控制阀不动作：排除方向控制阀不动作的故障。

④ 活塞上密封圈破损：更换密封圈。

⑤ 密封件黏着（初期突出）：改用低摩擦气缸。

⑥ 缸杆变形：修理或更换气缸。

⑦ 排气口排气受阻。

【故障2】 输出力不足

① 压力不足：检查供气压力是否正常。

② 活塞密封圈磨损：更换活塞密封圈。

③ 气缸安装不好，活塞或活塞杆卡阻、润滑不良或缸内有冷凝水和杂质等。

【故障3】 速度变慢

① 排气通路太小：检查速度控制阀、配管口径的大小。

② 进入气缸的气量偏小：提高气缸的进气量。

③ 负荷过大，活塞杆弯曲：更换活塞杆，消除导致弯曲的原因。

④ 润滑不良，供油不足，油脂用完：改善润滑，添加润滑油脂。

⑤ 密封圈变形：更换密封圈。

⑥ 活塞密封圈失效，导致气缸两腔串通（串气）：更换活塞密封圈。

【故障4】 导轨引起的故障

① 导轨轴心偏离造成的活塞杆破损，气缸不能动作或活塞杆密封圈泄漏：更换活塞杆，检查活塞杆密封圈、导向套，检查导轨、气缸、接头等的安装方法。

② 导轨滑动阻力的变化变高，气缸动作变慢；滑动阻力变化

变低，气缸动作变快：加导轨润滑脂，检查导轨安装状态（平行度等），并校正安装精度；检查导轨是否拉伤劣化，刮研修复导轨。

【故障5】　动作不平稳

① 特别是在低速界限以下的动作速度不平稳：减缓负荷的变动；研究是否使用低气压气缸；改变支撑形式和提高气缸的安装精度。

② 有横向载荷：设置导杆或采用带导向杆的气缸，改变支撑形式和提高气缸的安装精度，避免横向载荷。

③ 负荷过大：提高工作压力，增大缸筒内径。

④ 速度控制阀为进气节流回路：速度控制阀改为回气节流回路，或者改变速度控制阀的安装方向。

⑤ 混入了冷凝水、杂质：拆卸、检查并清洗过滤器。

⑥ 缸筒生锈、损伤：修理缸筒，损伤大时更换。

⑦ 发生爬行：速度低于50mm/s时要使用液压制动缸或气液转换器。

【故障6】　气缸破损、变形

高速动作时的冲击力大：调节缓冲，使缓冲更有效；适当降低气缸运动速度，减小负荷；必要时设置外部缓冲机构。

【故障7】　完不成全行程

① 缓冲部闭塞：清洗缓冲部位。

② 内部脏东西堵塞：分解清扫。

③ 橡胶缓冲垫变形：更换橡胶缓冲垫。

【故障8】　缓冲失效

① 缓冲密封件损伤：更换缓冲密封圈。

② 缸筒静密封圈泄漏：更换缸筒静密封圈。

③ 缓冲阀松动：新调整后锁定，考虑在外部设置缓冲机构或减速回路。

④ 缓冲节流调节阀节流部位拉伤，调节失效：修理缓冲节流调节阀。

⑤ 缓冲套外径拉伤：修复缓冲套外径或更换缓冲套。

⑥ 配对的单向阀有泄漏：修复单向阀。

【故障 9】　磁性开关不能接通

① 因外力引起，如电压异常、电流异常与脉冲电压等原因引起磁性开关破损：检查电气回路，检查电气负载，考虑改变过电压吸收对策，缩短配线长度，必要时更换磁性开关。

② 高温造成磁力减弱：更换磁环，调查环境因素的影响。

③ 电路断线：更换成其他类型导线，改变导线环绕方向。

④ 外部磁力影响：安装消磁板，改变磁性开关安装面。

【故障 10】　磁性开关不能断开

① 触点熔接（对舌簧式磁性开关）：更换磁性开关，检查电气负荷，采取消除脉冲电压的对策。

② 外部磁力的影响：安装消磁板，改善磁性开关安装面。

【故障 11】　活塞杆和轴承部位漏气

① 活塞杆密封圈磨损：更换活塞杆密封圈。

② 活塞杆偏心：调整气缸的安装，避免横向载荷。

③ 活塞杆有损伤：修补时损伤过大就更换。

④ 卡进了杂质：去除杂质，安装防尘罩。

【故障 12】　带制动器的气缸停止时超程过长

① 配管距离过长：缩短配管距离来缩短响应时间，在制动器端口安装快速排气阀。

② 负荷过重：确认规格，将负荷质量减小到容许负荷。

③ 移动速度过快：确认规格，将速度降到容许范围。

【故障 13】　带制动器的气缸发生振动或飞出现象

① 负荷不平衡：设计回路时使其停止时负荷能保持平衡。

② 停止螺距过短，气缸启动时的速度经常不稳定：将螺距调到 50mm 以上或尽可能减速。

③ 制动器未开放：有开始移动信号的同时，向制动器端口供给设定压力以上的压缩空气。

【故障 14】　外部泄漏

① 活塞杆与缸盖密封圈损伤：更换密封圈。

② 活塞杆横向负载大：提高活塞杆安装精度。

③ 导轨轴心偏离：调整导轨安装精度。

四、气缸的定期维护

① 定期检查气缸、安装螺钉及螺母是否松动。

② 定期检查气缸安装架是否松动、异常或下弯。

③ 检查动作状态是否平稳、最低动作压力及动作。

④ 使用中注意观察气缸速度和循环时间是否变化。

⑤ 观察行程末端是否发生冲击现象。

⑥ 随时观察是否有外部泄漏，特别是活塞杆密封处。

⑦ 定期检查杆端连接件、拉杆、螺钉是否松动。

⑧ 定期检查行程上是否有异常状况。

⑨ 定期检查活塞杆上有无划痕，偏磨。

⑩ 检查确认磁性开关动作，是否发生位置偏移。

第二节　做摆动运动的执行元件——摆动气缸

摆动气缸又叫摆动气马达。

一、齿轮齿条式摆动气缸的工作原理与结构举例

齿轮齿条式摆动气缸是通过连接在活塞上的齿条使齿轮回转的一种摆动气缸，把气缸活塞的往复直线运动通过齿轮齿条转换成往复旋转运动。活塞仅作往复直线运动，摩擦损失少，齿轮传动的效率较高，此摆动气缸效率可达到 95% 左右。

1.国产齿轮齿条式摆动气缸的工作原理和结构

（1）工作原理　如图 3-26 所示为无锡市圣汉斯控制系统有限公司生产的齿轮齿条式摆动气缸，缸体 5 内的活塞 1、1′分别与齿条 2、2′连为一体。

图 3-26(a) 中，当气源压力从气口 A 进入气缸两活塞之间中腔时，使带齿条的左、右活塞 1 与 1′向相反方向（气缸两端方向）运动，迫使两端的弹簧被压缩，两活塞侧面的两端气腔的空气通过气口 B 向大气排出，同时使两活塞齿条同步带动输出轴 3（齿轮）逆时针方向旋转。

　　图 3-26(b) 中，在气源压力经过电磁阀换向后，两端的弹簧
复位力使带齿条的左右活塞 1 与 1'向中心方向运动，气口 A 排气，
齿条的运动带动齿轮顺时针方向旋转，与齿轮 4 连在一体的输出轴
3 也顺时针方向转动，实现输出轴 3 顺时针转动并输出扭矩。此时
两活塞侧面腔形成了一定的真空度，大气中的空气由 B 口补入。

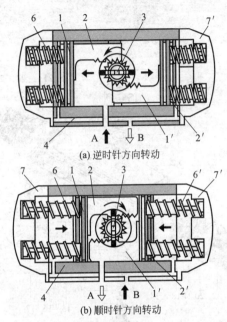

(a) 逆时针方向转动

(b) 顺时针方向转动

图 3-26　齿轮齿条式摆动气缸的工作原理

1,1'—左、右活塞；2,2'—齿条；3—输出轴；4—齿轮；5—缸体；
6,6'—左右复位弹簧；7,7'—左右缸盖

　　(2) 结构　无锡市圣汉斯控制系统有限公司生产的齿轮齿条式
摆动气缸结构（爆炸图）如图 3-27 所示。

　　2.进口齿轮齿条式摆动气缸的工作原理和结构

　　(1) 工作原理　如图 3-28 所示为日本 SMC 公司生产的 MSQ
系列齿轮齿条式摆动气缸的工作原理和结构。该双作用齿轮齿条式
摆动气缸没有了两侧的复位弹簧，同样缸体 5 内的活塞 1、1'分别
与齿条 2、2'连为一体。

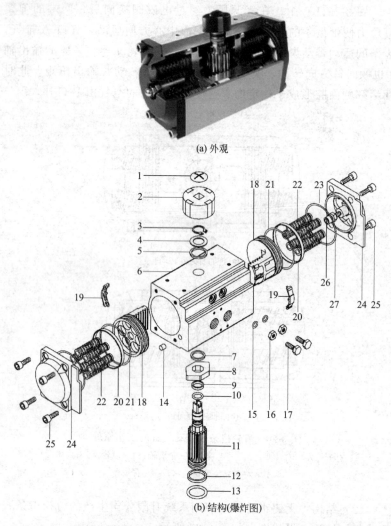

(a) 外观

(b) 结构(爆炸图)

图 3-27　无锡市圣汉斯控制系统有限公司生产的齿轮齿条式摆动气缸

1—指示器螺钉；2—指示器；3—卡簧；4—垫圈；5—外垫片；6—缸体；7—内垫片；
8—凸轮；9—上轴轴承；10—上轴 O 形圈；11—齿轴；12—下轴轴承；13—下轴 O 形圈；
14—堵头；15—调节螺钉 O 形圈；16—调节螺钉螺母；17—调节螺栓；18—活塞
（带齿条）；19—活塞导板；20—活塞轴承；21—活塞 O 形圈；22—复位弹簧；
23—端盖 O 形圈；24—端盖；25—端盖螺栓；26—限位螺栓；27—限位螺母

图 3-28(a) 中，压缩空气由 A 口输入，使带齿条的左、右活塞 1 与 1′向相反方向运动，齿条的运动带动齿轮逆时针方向旋转，与齿轮 4 连为一体的输出轴 3 也逆时针方向转动，两活塞侧面的空气由 B 口排出，实现输出轴 3 逆时针转动并输出扭矩。

图 3-28(b) 中，压缩空气由 B 口输入，使带齿条的左、右活塞 1 与 1′向中心方向运动，齿条的运动带动齿轮顺时针方向旋转，与齿轮 4 连为一体的输出轴 3 也顺时针方向转动，两活塞中间的空气由 A 口排出，实现输出轴 3 顺时针转动并输出扭矩。

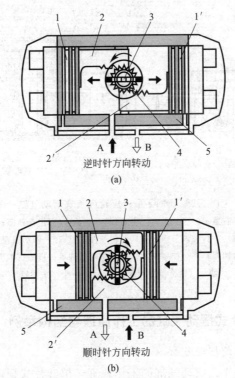

图 3-28　MSQ 系列齿轮齿条式摆动气缸的工作原理

1,1′—左、右活塞；2,2′—齿条；3—输出轴；4—齿轮；5—缸体

(2) 结构　图 3-29 所示为日本 SMC 公司生产的 MSQ 系列齿轮齿条式摆动气缸的外观与结构。

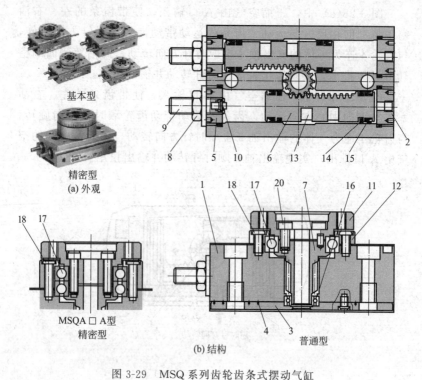

图 3-29　MSQ 系列齿轮齿条式摆动气缸

1—体壳；2—右盖；3—底板；4—密封；5—左盖；6—齿条柱塞；7—齿轮轴；
8—六角螺母；9—行程调节螺钉；10—缓冲件；11,12—轴承压盖；13—磁铁；
14—密封挡圈；15—柱塞密封；16—深沟球轴承；17—基本型深沟球
轴承（精密型为特殊轴承）；18—十字头螺钉

二、叶片式摆动气缸的工作原理与结构举例

1.单叶片式摆动气缸

（1）单叶片式摆动气缸的工作原理　单叶片式摆动气缸（摆动马达）的工作原理如图 3-30 所示。它是由叶片 3、输出轴（即转子）1、定程挡块 4、缸体 2 和前后端盖（图中未标出）等部分组成。定程挡块 4 和缸体 2 固定在一起，叶片 3 和输出轴 1 连在一起，在缸体 2 上有两气口 A 与 B。

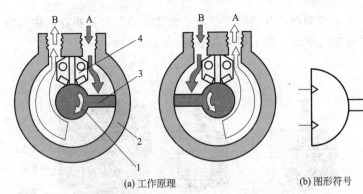

(a) 工作原理　　　　　　　　(b) 图形符号

图 3-30　单叶片式摆动气缸的工作原理

1—输出轴（转子）；2—缸体；3—叶片；4—定程挡块

其工作原理是当气口 A 进气时，气口 B 排气，压缩空气推动叶片带动输出轴（转子）1 顺时针摆动；反之，当气口 B 进气时，气口 A 排气，压缩空气推动叶片带动转子作逆时针摆动。

叶片式摆动气缸体积小，重量最轻，但制造精度要求高，密封困难，泄漏较大，而且动密封接触面积大，密封件的摩擦阻力损失较大，输出效率较低，小于 80%。因此，在应用上受到限制，一般只用在安装位置受到限制的场合，如夹具的回转、阀门开闭及工作台转位等。

（2）单叶片式摆动气缸的结构　图 3-31 为日本 SMC 公司生产的 CRBU2 系列单叶片式摆动气缸（摆动马达）结构。它是由叶片轴转子（即输出轴），上、下缸体和定程挡块等部分组成。在下缸体 1 上有两条气路，当 A 口进气时，B 口排气，压缩空气推动叶片带动转子顺时针摆动；反之，做逆时针摆动。

2. 双叶片式摆动气缸

（1）工作原理　双叶片式摆动气缸（摆动马达）的工作原理如图 3-32 所示。图 3-32(a) 中，当压缩空气从气口 A 进入 a 作用在叶片 $3'$ 上，也再经输出轴 1 的内气道进入 a' 作用在叶片 3 上，推动两叶片顺时针摆动，也就推动与叶片相连的输出轴 1 顺时针方向摆动，输出运动与扭矩；反之图 3-32(b) 中，当压缩空气从气口 B 进入 b' 作用在叶片 3 上，也再经输出轴 1 的内气道进入 b 作用在叶

片 3′上，推动两叶片逆时针摆动，也就推动与叶片相连的输出轴 1
逆时针方向摆动，输出运动与扭矩。

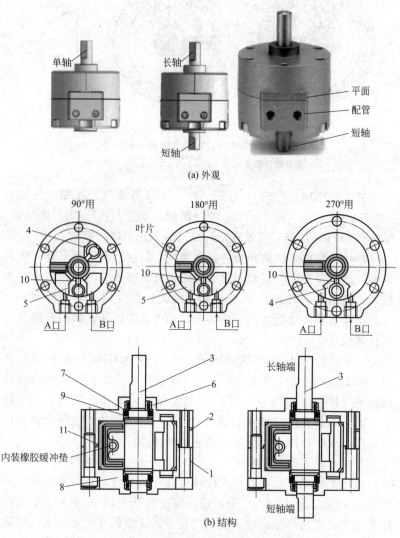

(a) 外观

(b) 结构

图 3-31　CRBU2 系列单叶片式摆动气缸（摆动马达）

1—下缸体；2—上缸体；3—输出轴；4,5—定程挡块；6—轴承；

7—垫；8—后盖；9,11—O 形圈；10—密封圈

由于双叶片式摆动气缸中有两个叶片受力，能输出更大的扭矩。

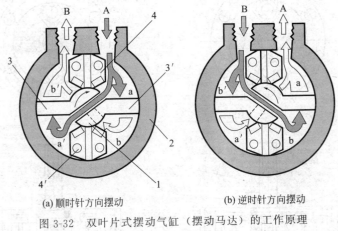

(a) 顺时针方向摆动　　　　　(b) 逆时针方向摆动

图 3-32　双叶片式摆动气缸（摆动马达）的工作原理

1—输出轴（摆动轴）；2—缸体；3,3′—叶片；4,4′—定程挡块

（2）结构　图 3-33 所示为日本 SMC 公司生产的 CRBU2 系列双叶片式摆动气缸（摆动马达）结构，外观同上，为双叶片结构。

三、摆动型执行元件的故障对策

【故障 1】　摆动速度慢

① 速度控制阀关闭太多：调整速度控制阀开口。

② 阀、配管容量过小：更换为大容量的部件。

③ 负荷过大：更换为输出力大的部件。

④ 负荷复杂化：调整安装的负荷。

【故障 2】　动作不平稳

① 摆动速度过慢：使用气液压转换器；进行气动-液压控制，提高滑动速度。

② 密封圈漏气：更换密封圈。

③ 负荷复杂化：调整安装的负荷。

④ 在摆动过程中负荷大小发生变化（受重力的影响等）：使用气-液转换器。

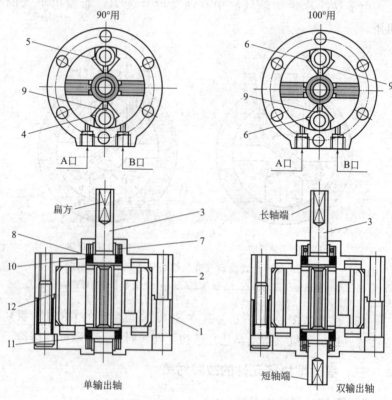

图 3-33 CRBU2 系列双叶片式摆动气缸（摆动马达）

1—下缸体；2—上缸体；3—输出轴；4,5,6—定程挡块；
7—轴承；8—密封垫；9—定程挡块密封圈；10,11,12—O 形圈

【故障 3】 输出轴部位漏气

① 轴部密封圈磨损（叶片）：更换密封圈。

② 活塞密封圈磨损（齿条和齿轮）：更换密封圈。

第三节 做连续回转运动的执行元件——气马达

气马达也是气动执行元件的一种，是一种作连续旋转运动的气动执行元件，是把压缩空气的压力能转换成回转机械能的能量转换

装置，它输出的是力矩和转速，驱动执行机构实现旋转运动。其作用相当于电动机或液压马达。

最常见的气马达有：叶片式、活塞式和薄膜式三种。此处仅以叶片式气马达为例来介绍。

一、叶片式气马达的工作原理与结构举例

压缩空气作用在叶片的表面上，产生一个使转子旋转的力，由于转子相对于外壳偏心设置，从而形成了多个镰刀形的工作容腔，在这容腔中压缩空气产生一定膨胀，而这部分膨胀功也使转子旋转。叶片与外壳内表面之间的密封在工作过程中靠其本身的离心力来保证，在启动阶段通过引入其底部的压缩空气或利用弹簧来实现。

叶片的数量直接影响气马达的效率、启动性能以及运动的平稳性，通常为 3 至 5 个叶片，特殊情况下可达 10 个。转速范围：200～80000r/min。

1. 工作原理

气马达多为双向的。叶片式气马达的工作原理如图 3-34(a) 所示。当压缩空气从 A 口进入（此时 B 口接大气），小部分压缩空气进入叶片底部（图中未画出），将叶片推出贴紧在定子内壁上。大部分空气进入相应的密封空间而作用在两个叶片上，由于两叶片伸出长度不等，产生转矩差，总转矩使叶片按顺时针方向旋转，叶片上产生作用力同时也带动转子 2 顺时针方向转动，与转子固连在一起的输出轴 4 也一起顺时针方向转动，并输出扭矩。压缩空气做完功，压力能消耗完了后从 C 口与 B 口排向大气。

反之当压缩空气从 B 口进入（此时 A 口接大气），作用在叶片上产生作用力带动转子 2 逆时针方向转动，与转子固连在一起的输出轴 4 也一起逆时针方向转动，并输出扭矩，从而实现双向旋转。压缩空气做完功，压力能消耗完了后从 C 口与 A 口排向大气。

2. 结构

叶片式气马达的结构如图 3-35 所示。

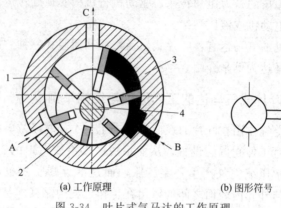

(a) 工作原理   (b) 图形符号

图 3-34 叶片式气马达的工作原理

1—叶片；2—转子；3—定子；4—输出轴

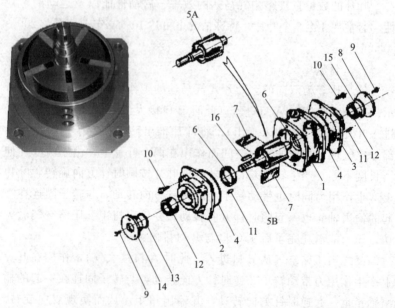

图 3-35 叶片式气马达的结构

1—壳体；2—前盖；3—后盖；4—后支座；5A—转子；5B—转子轴；

6—垫圈；7—叶片；8—后法兰盖；9,10—螺钉；11—定位销；12—轴承；

13,15—O 形圈；14—前法兰盖

二、气马达故障分析与排除方法

【故障1】 功率转速显著下降

① 配气阀装反：重装。

② 气缸活塞环磨损：更换活塞环。

③ 气压低：调整压力。

【故障2】 耗气量大

① 缸、活塞环、阀套磨损：更换磨损零件。

② 管路系统漏气：检修气路。

【故障3】 运行中突转不转

① 润滑不良：增加润滑油。

② 气阀卡死、烧伤：更换零件。

③ 曲轴、连杆、轴承磨损：更换零件。

④ 气缸螺钉松动：拧紧。

⑤ 配气阀堵塞、脱焊：重焊。

【故障4】 旋转速度上不去

① 速度控制阀关闭：调整速度控制阀。

② 阀、配管容量过小：更换为大号的部件。

③ 负荷过大：更换为输出大的部件。

④ 负荷复杂化：调整安装的负荷。

⑤ 排气配管冻结：用加热器等对排气配管保温、加热。

【故障5】 旋转不平稳

① 设定转速低：使用减速机。

② 内部磨损：设置油雾器，确认内部润滑油足够，更换磨损零件。

③ 负荷复杂化：调整安装的负荷。

【故障6】 中间停止精度参差不齐

① 旋转速度过快：使用减速回路，降低使限位开关动作的速度。

② 马达和阀之间的距离太长：在马达附近设置阀。

③ 阀响应太慢：更换为响应快的阀。

④ 信号传递慢（全气压控制时）：变更控制回路，提高响应速度。

⑤ 限位开关的设置位置不当：变更为电控制，变更控制装置设置位置，提高响应速度。

【故障7】 无法保持中间停止位置

① 有推力：调整使压力平衡。

② 阀、配管漏气：调整使其不漏气。

③ 马达内部漏气：调整使其不漏气。

第四章

控制元件——气动控制阀

气动控制元件是指气动系统中，用来控制气流的压力、流量和流动方向，以保证气动执行元件或机构按规定程序正常工作的各类气动元件。气动控制元件就是各种气动控制阀，利用它们可以组成各种气动回路，使气动执行元件按设计要求正常工作。

按功能分类 { 方向控制阀，压力控制阀，流量控制阀

图 4-1　气动控制阀按功能分类

气动控制阀按功能分类见图 4-1 所示。

第一节　气动方向控制阀

气动方向控制阀是用来控制压缩空气的流动方向和控制气流的通、断的气动元件。即气动控制元件中的方向控制阀起控制气流方向或控制气路通、断的作用。

一、气动方向控制阀的分类

1.按控制方式分类

如表 4-1 所示为气动方向控制阀按其控制方式的不同可分成以下几种：包括气压控制换向阀、电磁控制换向阀、机械控制换向阀、人力控制换向阀和时间控制换向阀等。

表 4-1　气动方向控制阀的控制方式

人力控制	按钮式	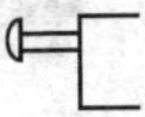	手柄式	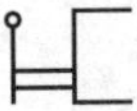	脚踏板式	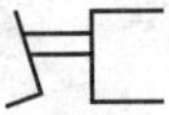
机械控制	柱塞式	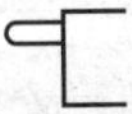	滚轮杠杆式	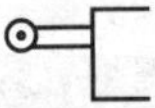		

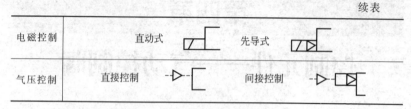

续表

电磁控制	直动式	先导式
气压控制	直接控制	间接控制

2.按阀芯结构分类

按照其阀芯结构的不同可分为截止式换向阀、滑阀式换向阀和平面滑板式换向阀。

（1）截止式换向阀的工作原理与结构举例　截止式换向阀的工作原理见图4-2(a)所示：左图为开启状态，压缩空气从 P 口流入，压缩弹簧 3 打开阀芯 2，气流通路为 P 口→A 口；右图为关闭状

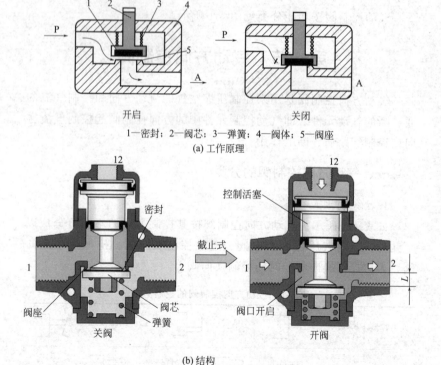

1—密封；2—阀芯；3—弹簧；4—阀体；5—阀座

(a) 工作原理

(b) 结构

图 4-2　截止式换向阀的工作原理与结构

态，压下阀芯 2，密封封闭在阀座 5 上，P 口与 A 口通路关闭。

截止式换向阀的结构见图 4-2(b) 所示：当控制口 12 未通入控制压缩空气时，阀芯在弹簧力作用下关闭阀口，1 口与 2 口不通；当控制口 12 通入控制压缩空气时，控制活塞下移，压缩弹簧，阀芯打开阀口，1 口与 2 口连通。

（2）滑阀式换向阀的工作原理与结构举例　滑阀式气动方向控制阀工作原理与滑阀式液压控制元件类似，这里不具体说明。

（3）平面滑板式换向阀的工作原理与结构举例　图 4-3 所示为双气控 4/2（4：气口数；2：位置数；二位四通）平面纵向滑板阀的工作原理与结构，利用滑柱的移动，带动滑板来接通或断开各通口。当图 4-3(a) 中 12 口有压缩空气控制信号（14 口无）时，滑柱左移，带动滑板也左移，4 与 3 通，1 与 2 通；反之当图 4-3(b) 中 14 口有压缩空气控制信号（12 口无）时，滑柱右移，带动滑板

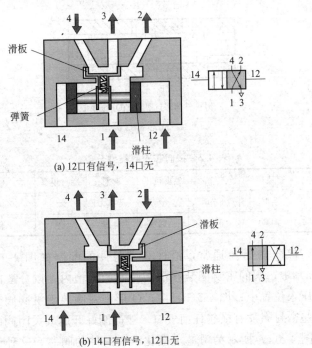

图 4-3　双气控 4/2 平面纵向滑板式换向阀的工作原理与结构

也右移，2 与 3 通，1 与 4 通。滑板靠气压或弹簧压向阀座，能自动调节。这种阀的滑板即使产生磨损，也能保证有效地密封。

3. 按阀芯密封类型分类

按阀芯密封类型分类如图 4-4 与表 4-2 所示，分为金属间隙密封阀和橡胶弹性体密封阀两类。

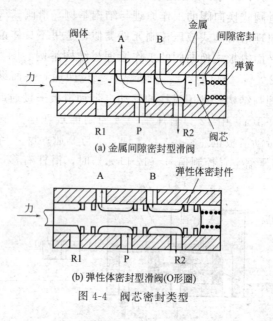

(a) 金属间隙密封型滑阀

(b) 弹性体密封型滑阀(O形圈)

图 4-4　阀芯密封类型

表 4-2　按阀芯密封类型分类

类型	制造精度	气体精度	温度范围	泄漏	换向频率	寿命
橡胶密封	低	$40\mu m$	窄	基本无	低	5000 万次
金属密封	高	$5\mu m$	宽	微漏	高	2 亿次

（1）橡胶密封　通常，滑柱和密封件的配制如图 4-5 所示。图 4-5(a) 中，阀的密封圈装在滑阀阀芯的沟槽内，以分段间隔将 O 形圈压入位置中；图 4-5(b) 中，O 形密封圈装于滑阀阀套沟槽内，这些密封圈没有横越任何气口，然而刚好开启或关闭阀的本身阀座；图 4-5(c) 所示为滑芯上硫化着密封件的阀芯，这种设计提供无泄漏及最小摩擦力的密封，因此有极长的寿命。

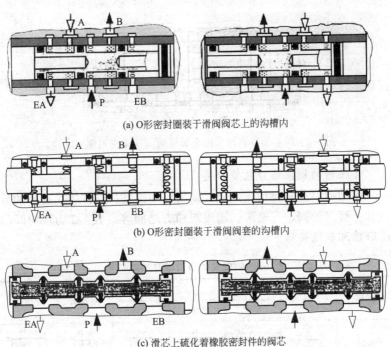

(a) O形密封圈装于滑阀阀芯上的沟槽内

(b) O形密封圈装于滑阀阀套的沟槽内

(c) 滑芯上硫化着橡胶密封件的阀芯

图 4-5　圆柱滑阀式采用橡胶密封的形式

（2）金属间隙密封　金属间隙密封结构的换向阀如图 4-6 所示，研磨和配合好的阀芯和阀套之间有极低的摩擦阻力，适应快速循环且具有特别长的工作寿命。但是，其有 0.003mm 的极小间隙，会产生 1L/min 的微小内泄漏量。

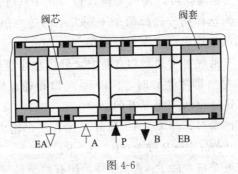

图 4-6

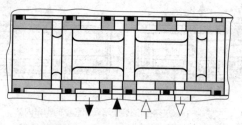

图 4-6 阀芯和隔套间采用金属密封（即无密封圈）的阀

4. 按阀的切换通口数目分类

阀的通口数目包括输入口、输出口和排气口。按切换通口的数目分，有二通阀、三通阀、四通阀和五通阀等，表 4-3 为换向阀的通口数和职能符号。

表 4-3 换向阀的通口数与职能符号

名称	二通阀		三通阀		四通阀	五通阀
	常断	常通	常断	常通		
职能符号	A ┤├ P	A □ P	A ┤↓ P R	A ┤↓ P R	A B ↓↓ P R	A B ↓╱↓ R P S

二通阀有两个口，即一个输入口（用 P 表示）和一个输出口（用 A 表示）。

三通阀有三个口，除 P 口、A 口外，增加了一个排气口（用 R 或 O 表示）。三通阀既可以是两个输入口（用 P1、P2 表示）和一个输出口，作为选择阀（选择两个不同大小的压力值）；也可以是一个输入口和两个输出口，作为分配阀。

二通阀、三通阀有常通型和常断型之分。常通型是指阀的控制口未加控制信号（即零位）时，P 口和 A 口相通。反之，常断型阀在零位时，P 口和 A 口是断开的。

四通阀有四个口，除 P、A、R 外，还有一个输出口（用 B 表示），通路为 P→A、B→R 或 P→B、A→R。

五通阀有五个口，除 P、A、B 外，还有两个排气口（用 R、S

或 O_1、O_2 表示）。通路为 P→A、B→S 或 P→B、A→R。五通阀也可以变成选择式四通阀，即两个输入口（P1 和 P2）、两个输出口（A 和 B）和一个排气口 R。两个输入口供给压力不同的压缩空气。

5.按阀芯工作的位置数分类

按阀芯的工作位置数量分类，阀可分为二位阀和三位阀。

阀芯切换的工作位置简称"位"，阀芯有几个切换位置就称为几位阀。有两个通口的二位阀称为二位二通阀（常表示为 2/2 阀，前者表示通口数，后者表示工作位置数），它可以实现气路的通或断。有三个通口的二位阀，称为二位三通阀（常表示为 3/2 阀）。在不同的工作位置，可实现 P、A 相通或 A、R 相通。常用的还有二位五通阀（常表示为 5/2 阀），它可以用于推动双作用气缸的回路中。

阀芯具有三个工作位置的阀称为三位阀。当阀芯处于中间位置时，各通口呈关断状态，则称为中间封闭式；若输出口全部与排气口接通，则称为中间卸压式；若输出口都与输入口接通，则称为中间加压式；若在中间卸压式阀的两个输出口都装上单向阀，则称为中位式止回阀。

换向阀处于不同工作位置时，各通口之间的通断状态是不同的。阀处于各切换位置时，各通口之间的通断状态分别表示在一个长方形的方块上，这样就构成了换向阀的职能符号。常见换向阀的名称和职能符号见表4-4。

表 4-4　常见换向阀的名称和职能符号表

符号	名称	正常位置
	二位二通阀（2/2）	常断
	二位二通阀（2/2）	常通
	二位三通阀（3/2）	常断

续表

符号	名称	正常位置
	二位三通阀(3/2)	常通
	二位四通阀(4/2)	一条通路供气， 另一条通路排气
	二位五通阀(5/2)	两个独立排气口
	三位五通阀(5/3)	中位封闭
	三位五通阀(5/3)	中位加压
	三位五通阀(5/3)	中位卸压

　　这里需要做出说明的是：气动阀中，通口既可用数字表示，也可用字母表示。阀中的通口用数字表示，符合 ISO 5599-3 标准。表 4-5 为两种表示方法的对比。

表 4-5　数字和字母两种表示方法的对照

通口	数字表示	字母表示	通口	数字表示	字母表示
输入口	1	P	排气口	5	R
输出口	2	B	输出信号清零	(10)	(Z)
排气口	3	S	控制口(1、2 口接通)	12	Y
输出口	4	A	控制口(1、4 口接通)	14	Z

　　6.按连接方式分类

　　阀的连接方式有管式连接、板式连接、集装式连接和法兰连接等几种。

管式连接有两种：一种是阀体上的螺纹孔直接与带螺纹的接管相连；另一种是阀体上装有快速接头，直接将管插入接头内。对不复杂的气路系统，管式连接简单，但维修时要先拆下配管。

板式连接需要配专用的过渡连接板，管路与连接板相连，阀固定在连接板上，装拆时不必拆卸管路，对于复杂气动系统维修时更方便。

集装式连接是将多个板式连接的阀安装在集装块（又称汇流板）上，各阀的输入口或排气口可以共用，各阀的排气口也可单独排气。这种方式可以节省空间，减少配管，便于维修。

二、电控换向阀的工作原理与结构举例

电控换向阀简称为电磁阀，它由电磁铁与阀本体两部分组成。

1.单电控换向阀

电控换向阀中只有一个电磁铁的衔铁推动阀芯移位换向的换向阀，称为单电控换向阀。单电控换向阀有单电控直动式换向阀和单电控先导式换向阀两种。

（1）单电控直动式换向阀

① 电磁铁。电磁阀中均装有 1～2 个电磁铁，电磁铁有图 4-7 所示的两类。当线圈 1 未通电时，处于图示状态；当线圈 1 通电时，产生磁场，活动铁芯 2 被吸引，产生力来压缩复位弹簧 4，去

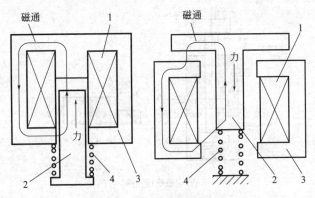

图 4-7 两类电磁铁

1—线圈；2—铁芯；3—壳体；4—复位弹簧

推动阀芯作上下运动或左右运动，从而推动阀芯移动换位。

　　直动式电控换向阀（电磁阀）是利用电磁铁的电磁力直接推动阀芯运动实现换向的电磁阀。直动式电磁阀特点是结构简单、紧凑、换向频率高。但用于交流电磁铁时，如果阀芯卡死就有烧坏线圈的可能。阀芯的换向行程受电磁铁吸合行程的限制，因此只适用于小型阀。

　　② 单电控直动式换向阀的工作原理。图 4-8 所示为二位三通单电控直动式电磁换向阀的工作原理。靠电磁铁和弹簧的相互作用使阀芯换位实现换向。图 4-8(a) 为电磁铁 1 断电状态，复位弹簧 3 将阀芯 2 上推，关闭了 P→A 通道，导通了 A→T 通道，即封闭

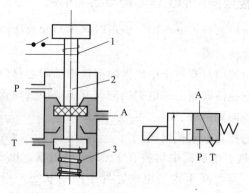

(a) 电磁铁1断电时

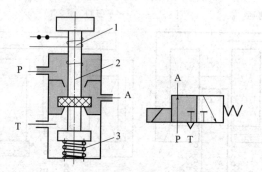

(b) 电磁铁1通电时

图 4-8　二位三通单电控换向阀的工作原理

1—电磁铁；2—阀芯；3—复位弹簧

P口通道；图 4-8(b) 为电磁铁 1 通电状态，电磁铁 1 铁芯向下压缩复位弹簧 3，导通了 P→A 通道，关闭 A→T 通道，即封闭 T 口通道。

③ 直动式单电控换向阀的结构。直动式二位三通单电控换向阀的结构如图 4-9 所示。图 4-9(a) 为电磁铁未通电时，阀芯在复位弹簧弹簧力的作用下上抬，封闭了 P 口通道；图 4-9(b) 为电磁铁通电时，吸合的可动铁芯压缩复位弹簧，下推阀芯，封闭了 R 口通道。

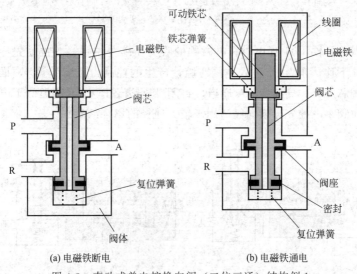

(a) 电磁铁断电   (b) 电磁铁通电

图 4-9 直动式单电控换向阀（二位三通）结构例 1

图 4-10 所示为另一种单电控直动式换向阀结构举例。

(2) 单电控先导式换向阀

① 工作原理。图 4-11 为先导式单电控换向阀的工作原理。它是先由电磁铁通、断电切换先导阀（单电控直动式换向阀），再去控制主换向阀（气控换向阀）来工作的。图 4-11(a) 为电磁铁 1DT 断电状态，先导阀（单电控直动换向阀）3 的阀芯 6 在复位弹簧 5 的作用下处于上位，主换向阀（气控换向阀）1 右腔没有压力，于是主阀芯 2 在弹簧力的作用下右移，封闭 P 口，导通 A、T 通道，A→T；反

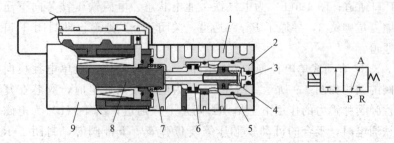

图 4-10 直动式单电控换向阀（二位三通）结构例 2

1—阀体；2—阀套；3—手动按钮；4—复位弹簧；5—阀套；6—阀芯；
7—铁芯弹簧；8—可动铁芯；9—电磁铁

之当电磁铁 1DT 通电时，电磁铁的吸力压缩复位弹簧 5 推动先导阀芯 6 下移，压力 P_1 进入主阀右腔，产生的控制力压缩弹簧 4，推动主阀芯左移，导通 P、A 通道，封闭 T 通道，P→A。这类似于电液换向阀，电控先导换向阀适用于较大通径的场合。

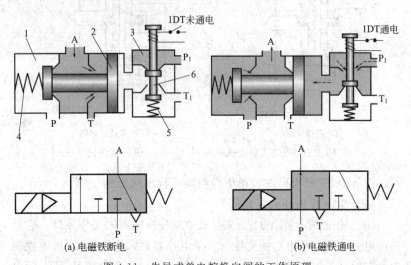

(a) 电磁铁断电   (b) 电磁铁通电

图 4-11 先导式单电控换向阀的工作原理

1—主换向阀右腔；2—主阀芯；3—先导阀；4—压缩弹簧；5—复位弹簧；6—先导阀阀芯

　　② 结构。图 4-12 所示为日本 SMC 公司生产的 SYJ300R 型二位三通单电控先导式电磁阀结构。

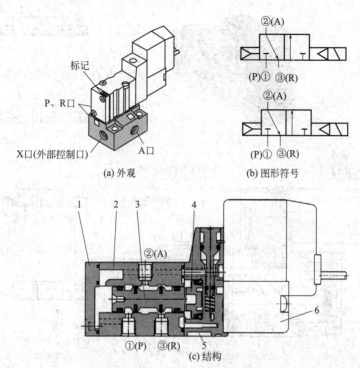

图 4-12　SYJ300R 型二位三通单电控先导式电磁阀

1—阀盖；2—阀体；3—阀芯；4—柱塞；5—柱塞板；6—先导阀

图 4-13 所示为德国 festo 公司生产的 MN2H 型二位五通先导式单电控换向阀的结构图。

2. 双电控换向阀

由两个电磁铁的衔铁推动阀芯移位换向的换向阀称为双电控换向阀。双电控换向阀有双电控直动式换向阀和先导式双电控换向阀两种。

(1) 双电控直动式换向阀

① 工作原理。如图 4-14 所示为双电控直动式二位五通换向阀的工作原理。图示为左边电磁铁通电的工作状态。其工作原理显而易见，不再说明。注意，这里的两个电磁铁不能同时通电。这种换向阀具有记忆功能，即当左侧的电磁铁通电后，阀芯处在右端位

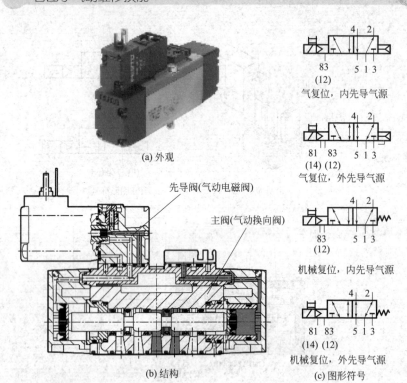

(a) 外观

先导阀(气动电磁阀)

主阀(气动换向阀)

(b) 结构

气复位，内先导气源

83
(12)

气复位，外先导气源

81 83
(14) (12)

机械复位，内先导气源

83
(12)

机械复位，外先导气源

81 83
(14) (12)

(c) 图形符号

图 4-13　MN2H 型二位五通先导式单电控换向阀的结构图

置，当左侧电磁铁断电而右侧电磁铁没有通电前阀芯仍然保持在右端位置。

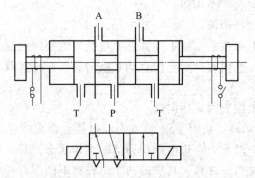

图 4-14　双电控直动式二位五通换向阀的工作原理

② 结构。图 4-15 为直动式双电控换向阀结构。

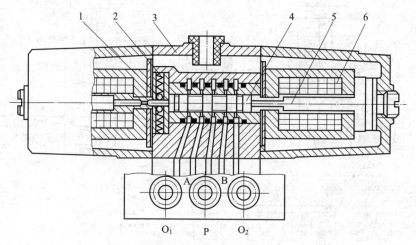

图 4-15 直动式双电控换向阀

1—钢珠；2—弹簧；3—阀体；4—阀芯；5—铁芯；6—线圈

（2）双电控先导式换向阀

① 工作原理。图 4-16 为先导式双电控换向阀的工作原理，图示为左侧先导阀电磁铁通电状态。工作原理与先导式单电控换向阀类似。

先导式换向阀是由小型直动式电磁阀（先导阀）和大型气控换向阀（主阀）构成。按先导电磁阀气控信号的来源可分为自控式（内部先导）和外控式（外部先导）两种，图为外控式。

图 4-16（a）为电磁铁 1DT 通电，铁芯吸合，推动先导阀 1 阀芯压缩复位弹簧 1 而下移，外控压缩空气 P1 进入气控主阀阀芯左腔，推动主阀芯右移，主阀芯右腔回气经先导电磁阀 2 再经 R2 口流入大气。

图 4-16（b）为电磁铁 2DT 通电，铁芯吸合，推动先导阀 2 阀芯压缩复位弹簧 2 下移，外控压缩空气 P2 进入气控主阀芯右腔，推动主阀芯左移，主阀芯左腔回气经先导电磁阀 2 再经 R1 口流入大气。

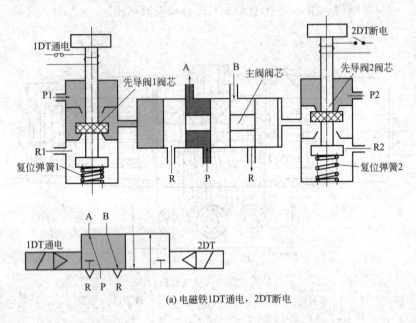

(a) 电磁铁1DT通电, 2DT断电

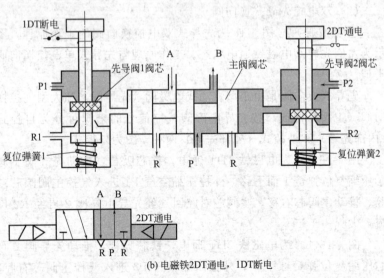

(b) 电磁铁2DT通电, 1DT断电

图 4-16 双电控先导式换向阀的工作原理

② 结构。图 4-17 所示为日本 CDK 公司生产的 4F420 型先导式双电控换向阀结构。

三、电控换向阀的故障分析与排除

电控换向阀也叫电磁阀，电控换向阀的故障分析与排除方法如下。

【故障 1】 电控换向阀不换向

① 电磁铁未能通电，无切换信号：此时可检查控制电路，排除电路故障，例如排除错误配线、接线不牢及断线故障。

② 电磁铁虽通电，但电压信号不对：此时可检查电磁铁所使用电压是否过低？电压是否不对？调整到适用范围内。

③ 线圈烧损：此时可更换线圈，消除烧损原因。

④ 阀体滑动部位楔入了污物：可清洗阀体或更换。

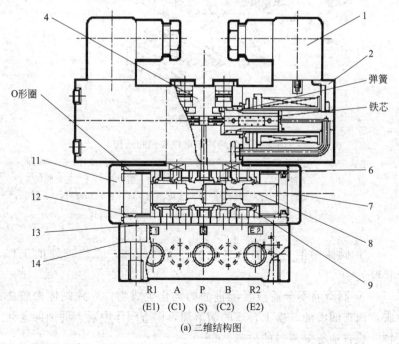

(a) 二维结构图

图 4-17

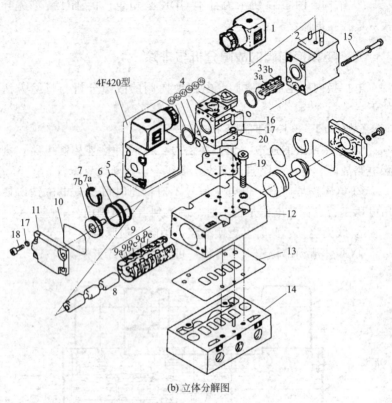

(b) 立体分解图

图 4-17 先导式双电控换向阀结构

1—电插头；2—电磁铁组件；3—先导阀阀套与阀芯；4—先导阀组件；5—O 形圈；
6—定位套；7—控制活塞；8—主阀芯；9—阀套；10—密封垫；11—先导阀阀盖；
12—主阀阀体；13—密封垫；14—底板；15—推杆；16—螺钉；
17—垫圈；18—螺钉；19—螺钉；20—先导阀阀体

⑤ 阀体中混进了油的老化物：清洗阀体，并检查油的工作状况。

⑥ 润滑油不合适或者混进油的老化生成物，导致阀体橡胶膨胀：调查润滑油，换上合适的润滑油，调查阀体中混入的油的老化物，检查油雾分离器的故障。

⑦ 弹簧疲劳、折损、生锈、已到使用寿命：更换合格弹簧，

并去除冷凝水。

⑧ 压力低：调高到最低使用压力以上。

⑨ 压力降大：更换为有效截面积大的电磁阀。

⑩ 阀体冻结：去除冷压缩空气中的冷凝水、设置干燥机。

【故障2】 阀动作不良

① 无额定信号：检查使用电压对不对，或者是否太低，调整电压到额定范围内。

② 润滑油不合适，混入了油的老化物，阀体橡胶膨胀：调查阀体润滑油中混入的油老化物，设置油雾分离器，换上合适的润滑油。

③ 压力低：调高到最低使用压力以上。

④ 背压高，排气不畅：使用可进行排气节流的电磁阀。

⑤ 振动：将振动调整到容许范围内，使振动方向与阀的切换方向成直角方向。

⑥ 控制回路的漏电比复位电流值大，电压不对：采取应对漏电的措施。

【故障3】 线圈烧损

① 环境温度过高：采取措施将环境温度控制在正常范围。

② 电流过载：为直动电磁阀的 AC 线圈时，线圈没有吸附到底；为双线圈时，检查两侧的线圈是否通相同的电。

③ 线圈短路：故障原因为通入电磁铁的电压过高或过低，可将通入电磁铁的电压调整到正常值。

【故障4】 漏气

① 阀部位卡进了污物、切屑及密封碎片：可拆开清洗。

② 密封圈破损有缺口、损伤，导致密封不严：更换密封圈。

③ 高温导致密封圈变形使密封不严：采用橡胶材质好且符合要求的密封圈（例如氟橡胶）。

④ 阀芯未切换到位：可拆开阀清洗，并检查气压压力符合在规定范围内。

【故障5】 工作时电磁铁有蜂鸣音，阀振动

① 电磁铁铁芯吸附面间隔中卡进了污物：清除电磁铁铁芯吸

附面间隔中污物。

　② 吸引力不足：电磁铁吸力与线圈匝数有关和通入的电压与频率有关，可更换为合格的电磁铁线圈与电磁铁，电压与频率符合要求。

四、人力控制换向阀的工作原理与结构举例

　人力控制换向的换向阀是利用手动操作（或脚踏操作）使阀芯移位的换向阀。依靠手动使阀芯切换的换向阀称手动换向阀。它可分为转阀式和滑阀式两大类。

　1. 工作原理

　图 4-18 所示为转阀式手动换向阀的工作原理。

　手动换向阀主要有二位四通（4/2）或三位四通（4/3）阀。以图 4-18 所示的三位四通手动转阀式换向阀为例进行说明。它是利用两个盘片使各个通路互相连接或分开，通常用手或脚操作。图 4-18 为转阀式（4/3）手动换向阀的工作原理，旋转手柄在三个位置定位，可得到三种通路状态。

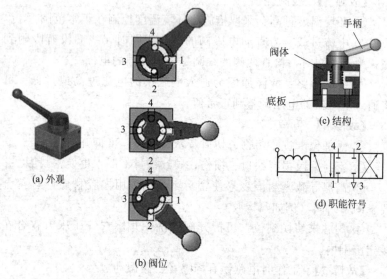

(a) 外观

(b) 阀位

(c) 结构

(d) 职能符号

图 4-18　手动换向阀（4/3，中位封闭）

2.结构

图 4-19 为日本 CDK 公司生产的 HMV、HSV 型三位四通手动换向阀的结构。

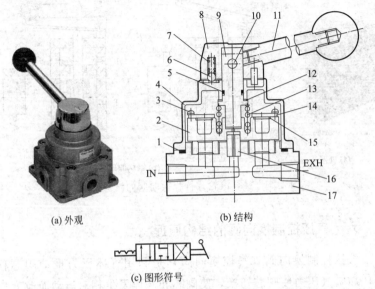

(a) 外观　　　　　　　　　(b) 结构

(c) 图形符号

图 4-19　HMV、HSV 型三位四通手动换向阀

1,5—O 形圈；2—滑环（阀芯）；3—十字头螺钉；4—阀盖；6—定位钢球；

7—定位弹簧；8—手柄座；9—柱塞；10—销；11—手柄；12—垫圈；

13—弹簧；14—板；15—密封垫；16—滑柱；17—阀体

五、机械控制方向换向阀的结构原理

利用凸轮、撞块或其他机械外力使阀换向的阀称为机械控制换向阀，简称机控阀。

图 4-20 为可通过式杠杆滚轮控制的行程换向阀，亦即机动换向阀，国产与进口都有这种阀。当机械撞块未压下滚轮［图 4-20 (b)］时，P 口关闭，A 口与 T 口相通；当机械撞块向右运动时，压下滚轮［图 4-20(c)］，P 口打开，T 口关闭，A 口与 P 口相通，实现换向动作。当撞块通过滚轮后，阀芯在弹簧力的作用下回复；

撞块回程时，由于滚轮的头部可弯折，阀芯不换向。

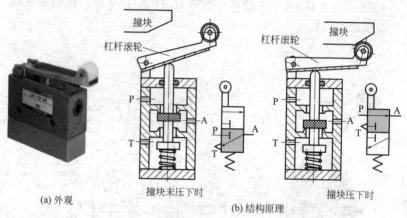

(a) 外观

撞块未压下时

撞块压下时

(b) 结构原理

图 4-20 杠杆滚轮式行程换向阀的结构原理

六、气压控制换向阀的结构原理

气压控制换向阀（气控换向阀）是利用气体压力推动阀芯移动，靠空气压力使阀芯切换，使阀芯和阀体发生相对运动而改变气体流向的元件，简称气控阀。

以图 4-21 所示二位三通气控换向阀为例说明气控换向阀的工作原理。图 4-21 所示为 K 口没有气控信号时的状态，阀芯 3 在弹簧 2 与 P 腔气压作用下右移，使 P 与 A 断开，A 与 T 导通；当 K

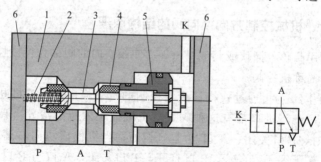

图 4-21 二位三通气控换向阀的结构原理

1—阀体；2—弹簧；3—阀芯；4—密封材料；5—控制活塞；6—阀盖板

口有气控制信号时，推动控制活塞 5 通过阀芯压缩弹簧打开 P 与 A 通道，封闭 A 与 T 通道。图 4-21 所示为常断型阀，如果 P、T 换接则成为常通型。这里，换向阀芯换位采用的是加压的方法，所以称为加压控制换向阀。相反情况则为减压控制换向阀。

还有双气控阀，以及二位四通、二位五通等，此处不再说明。

图 4-22 为日本 SMC 公司生产的 VTA 系列二位三通气动控制阀的结构原理图，图 4-22(b) 中 3 口未画出。

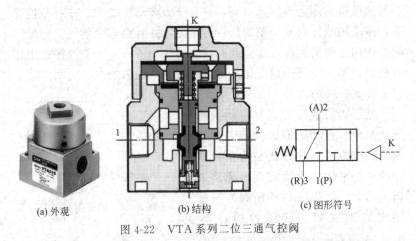

(a) 外观　　　　(b) 结构　　　　(c) 图形符号

图 4-22　VTA 系列二位三通气控阀

第二节　气动压力控制阀

气动压力控制阀在气动系统中主要起调节、降低或稳定气源压力，控制执行元件的动作顺序，保证系统的工作安全等作用。

一、气动压力控制阀的分类

在气压传动系统中，控制压缩空气的压力来控制执行元件的输出推力或转矩和依靠空气压力控制执行元件动作顺序的阀称为压力控制阀，包含减压阀、顺序阀和安全阀。

气动压力控制阀分类如图 4-23 所示，有减压阀（调压阀）、顺序阀、安全阀等。

压力控制阀
- 减压阀(调压阀)
- 安全阀(溢流阀)
- 顺序阀、单向顺序阀
- 增压阀
- 压力继电器(压力开关)

图 4-23　气动压力控制阀的分类

二、减压阀

减压阀是气动系统中的压力调节元件。气动系统的压缩空气一般是由压缩机将空气压缩,储存在储气罐内,然后经管路输送给气动装置使用。储气罐的压力一般比设备实际需要的压力高,并且压力波动也较大,在一般情况下,需采用减压阀来得到较低点的压力,并且稳定地供气。即减压阀的作用是将高的输入压力调到规定的输出压力,并能保持输出压力稳定,不受空气流量变化及气源压力波动的影响。

1.减压阀的分类

减压阀的调压方式有直动式和先导式两种。直动式借助弹簧力直接操纵的调压方式;先导式是用预先调整好的气压来代替直动式调压弹簧进行调压的。一般先导式减压阀的流量特性比直动式好。减压阀的分类见图 4-24 与表 4-6。

按压力调节方式
- 直动式减压阀
- 先导式减压阀

按调压精度
- 普通型
- 精密型

图 4-24　减压阀的分类

表 4-6　减压阀的分类

减压阀的种类		用途
直动式 ①人工操作式 ②机械操作式	无溢流式 带溢流式	普通气压回路用
	常时释放方式	普通气压回路高性能用
内部先导式 ①人工操作式 ②机械操作式	无溢流式 带溢流式	普通气压回路精密调整用,检测仪表,射流技术用
	常时释放方式	高性能用,检测仪表,射流技术用
外部先导式	无溢流式 带溢流式	用于远程操作、高压、大口径等流量调整精度要求高的回路
	高溢流式	用于溢流流量要求大的回路

2.减压阀的工作原理与结构举例

（1）直动式减压阀（带溢流阀）

① 工作原理。减压阀实质上是一种简易压力调节器。顺时针旋转调压手柄，出口压力 p_2 增大，逆时针旋转调压手柄，出口压力 p_2 降低。一般显示压力的压力表固定在调压阀上，在调节压力之前，需要把调压手柄向上拔起，以便能够转动调压手柄。

直动式减压阀的工作原理如图 4-25 所示：

图 4-25(a)，若逆时针旋转手柄，调压弹簧放松，作用在膜片上的气体压力大于弹簧力，溢流阀打开，输出压力降低直至为零。

图 4-25(b)，若顺时针旋转调节手柄，调压弹簧被压缩，推动膜片和阀杆（溢流阀阀花）下移，减压阀阀芯也下移，减压口打开，在输出口有气压 p_2 输出。同时，输出气压经反馈导管 a 作用在膜片上产生向上的推力。该推力与调压弹簧作用力相平衡时，减压阀维持一定开口，阀便有稳定的压力 p_2 输出。这样便将进口压力 p_1 降低到合适的工作压力 p_2，且当调压阀前后流量不发生变化时，出口压力稳定在 p_2。

图 4-25(c)，若输出压力 p_2 超过调定值时，增高的压力使膜

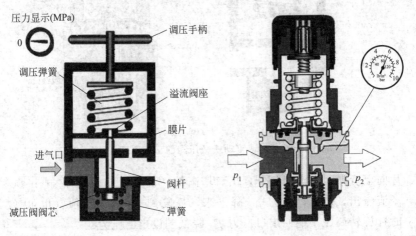

(a)

图 4-25

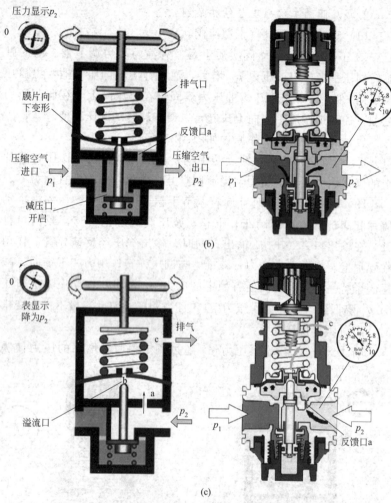

图 4-25 直动式减压阀的工作原理

片向上变形，溢流口打开，出口增高的一部分压缩空气经 a→b→c 溢流流出，使出口压力 p_2 降下来，恢复到 p_2 的调节值（也可逆时针旋转调压手柄使出口压力 p_2 降低到设定的压力）。

②结构。图 4-26 所示为 QTY 型直动式减压阀结构。当减压阀处于工作状态时，将手柄顺时针旋转，由压缩弹簧推动膜片和阀

芯下移，进气阀的减压口被打开，压缩空气从左端进气口 P1 流入，经打开的减压口再从出气口 P2 流出。

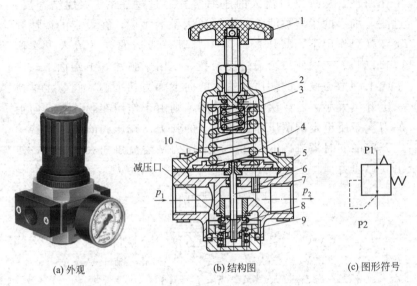

(a) 外观　　　　　　　　(b) 结构图　　　　　　(c) 图形符号

图 4-26　QTY 型直动式减压阀（带溢流阀）

1—手柄；2,3—调压弹簧；4—溢流阀孔；5—膜片；6—反馈导管；
7—溢流阀阀芯；8—减压阀阀芯；9—复位弹簧；10—排气孔

如果出口的压力 p_2 瞬时增高，即出气口的压力 p_2 超过调压弹簧 2、3 的调节压力时，则 p_2 经反馈导管 6 作用在膜片 5 的下端面上向上的力增大，上推膜片 5 并压缩调压弹簧 2、3，溢流阀杆上端的溢流口开启，则 p_2 一部分压缩空气经反馈导管 6→膜片 5 的下腔→溢流阀孔 4→排气孔 10→大气，使压力 p_2 适当降下来到正常的调节值。同时减压阀阀芯 8 在复位弹簧 9 的作用下向上运动，关小减压口，使出口压力降低；相反情况不难理解。

调节手柄 1 就可以调节减压阀的输出压力 p_2，采用两个弹簧调压的作用是在整个调压区间使调节的压力更灵敏与稳定。另外在介质为有害气体（如煤气）的气路中，为防止污染空气，应选用无溢流孔的减压阀。

（2）带过滤器减压阀

① 工作原理。如图 4-27 所示为 IW 系列带过滤器的减压阀的工作原理，从进气口流入的压缩空气通过过滤器 5（烧结金属）过滤，细小的尘埃被滤除；旋转调压手柄 1 后，在设定的调压弹簧 2 弹力作用下，减压阀阀芯 4 打开，清洁的空气流入二次侧（出口侧）。二次侧压力通过反馈孔 a 作用于膜片 3 下端面上，产生向上的力与设定的调压弹簧 2 的向下弹力相平衡，阀芯 4 维持一定开口大小。若二次侧压力升高，则由于作用在膜片 3 上向上的力大于所设定的调压弹簧 2 向下的弹力，减压阀阀芯 4 维持一定开度的同时溢流口 b 打开，剩余压力从溢流口向大气放出，使出气口压力保持一定。

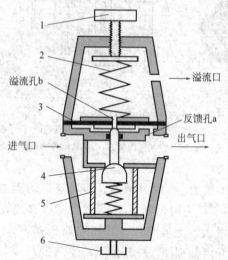

图 4-27　带过滤器减压阀的工作原理

1—调压手柄；2—调压弹簧；3—膜片；4—阀芯；5—过滤器；6—排水旋塞阀

② 结构。图 4-28 所示为带过滤器 IW 系列减压阀的外观与结构举例。

图 4-29 所示为国产东风 EQ1 090E 型汽车用带过滤直动式减压阀的结构，减压阀与液压传动中的减压阀一样能起减压作用，但它更主要的作用是调压和稳压。

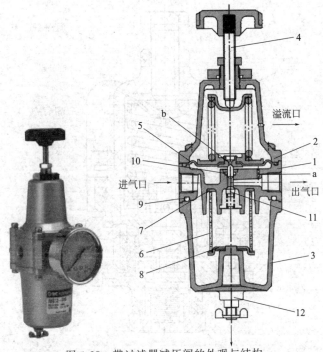

图 4-28　带过滤器减压阀的外观与结构

1—主体组件；2—阀盖；3—外壳组件；4—手轮；5—膜片组件；6—滤芯；
7—密封件；8—过滤器圆盘组件；9，10—O 形圈；
11—减压阀阀芯；12—排水旋塞阀

（3）外部先导式减压阀

图 4-30 为外部先导式减压阀的工作原理与结构。图中为外部先导式减压阀的主阀，主阀的工作原理和结构与直动式减压阀相同，在主阀的外部还有一只小型直动溢流式减压阀作先导阀用（图中未画出），由它来控制主阀。所以外部先导式减压阀亦称远距离控制式减压阀。先导阀与主阀装成一体则为内部先导式减压阀。外部先导式减压阀和内部先导式减压阀与直动式减压阀相比，对出口压力变化时的响应速度稍慢，但流量特性、调压特性好。对外部先导式，其调压操作力小，可调整大口径如通径在 20mm 以上气动系统的压力和要求远距离（30m 以内）调压的场合。

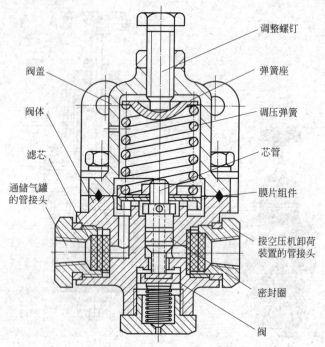

图 4-29　东风 EQ1 090E 型汽车直动式减压阀（调压阀）

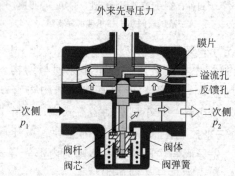

图 4-30　外部先导式减压阀的结构与原理

（4）精密内部先导式减压阀

① 工作原理。图 4-31（a）所示为精密减压阀的工作原理图，

为内部先导式。它是在直动式减压阀中采用了喷嘴-挡板放大器（件 7 与件 3）。放大器包括腔室、膜片（挡板）3、恒气阻（固定节流）9 和喷嘴 7。当减压阀的输出压力 p_2 变化时，例如压力下降，则膜片（挡板）3 在调压弹簧 2 的作用下靠近喷嘴 7，引起放大器腔室中背压升高。背压作用在膜片 5 上，使阀芯开启，流通面积增加，输出压力 p_2 上升，直至接近原来的调定值。

由于在减压阀的弹簧和阀芯之间增加了一个具有高放大倍数的喷嘴-挡板放大器，因而使精密减压阀的稳压精度增高。

② 结构。图 4-31（b）为内部先导式减压阀的结构图。从结构上看，它与直动式减压阀相比，增加了由喷嘴 10、挡板 11、固定节流孔 5 及气室所组成的喷嘴-挡板放大环节。当喷嘴与挡板之间的距离发生微小变化时，就会使气室中的压力发生很明显的变化，从而引起膜片 6 有较大的位移，去控制阀芯 4 的上下移动，使进气阀口 3 开大或关小，提高了对阀芯控制的灵敏度，也就提高了阀的稳压精度。

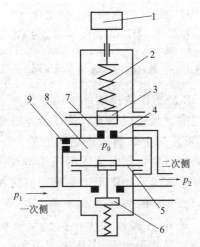

(a) 精密减压阀的工作原理图

1—调压手柄；2—调压弹簧；3—膜片；4—腔室；5—膜片；
6—阀芯；7—喷嘴；8—腔室；9—恒气阻(固定节流)

图 4-31

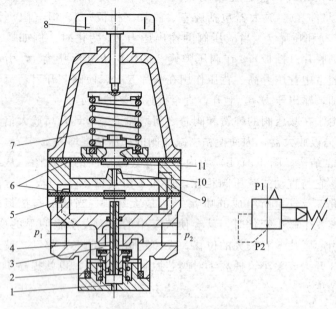

(b) 内部先导式减压阀结构、图形符号

1—排气口；2—复位弹簧；3—阀口；4—阀芯；5—固定节流孔；6—膜片；
7—调压弹簧；8—调压手轮；9—孔道；10—喷嘴；11—挡板

图 4-31　精密式内部先导式减压阀

　　图 4-32 所示为 IR 型精密减压阀的结构原理图，旋转设定手轮，推动挡板关闭喷嘴，从进口侧流入的供给空气经固定节流孔（喷嘴）后，作用在膜片 B 上端面，产生向下的力压下主阀芯 5，使供给压缩空气流向出口侧；同时流入的压缩空气也作用在膜片 C 的下端面上，与膜片 B 向下的作用力平衡，同时作用于膜片 A 上的力与调压弹簧 14 设定的弹簧力相平衡，以调节设定压力。设定压力一旦过高，膜片 A 被推向上，挡板与喷嘴间的距离加大，喷嘴内压力下降，膜片 B 和膜片 C 失去平衡，主阀芯关闭，排气阀芯开启，出口侧的剩余压力便向大气排出。这种喷嘴-挡板式的先导机构能灵敏地检测出压力偏差，便能实现精密的调压作用。

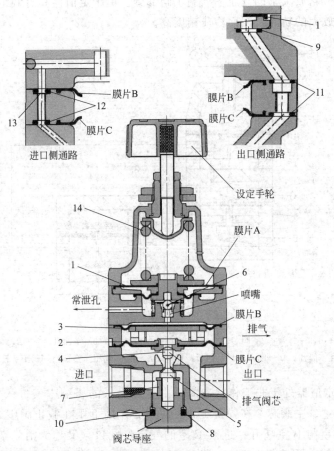

图 4-32 IR 型精密减压阀的结构原理

1—膜片 A 组件；2—膜片 C 组件；3—膜片 B 组件；4—排气阀芯；5—主阀芯；
6—钢球阀芯；7—缓冲垫；8~12—O 形圈；13—固定节流孔；14—调压弹簧

(5) 装有定值器的高精度减压阀 带定值器的减压阀是一种高精度的减压阀，主要用于压力定值。图 4-33 为定值器的工作原理图。它由三部分组成：一是直动式减压阀的主阀部分；二是恒压降装置，相当于一定差值的减压阀，主要作用是使喷嘴得到稳定的气源流量；三是喷嘴-挡板装置和调压部分，起调压和压力放大作用，利用被它放大了的气压去控制主阀部分。由于定值器具有调定、比较和放大的功能，因而稳压精度高。

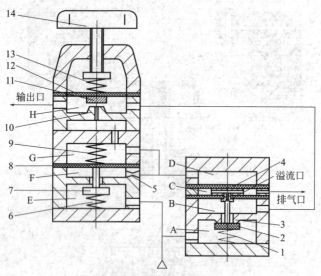

图 4-33　定值器工作原理

1,6,9—弹簧；2—阀芯；3—截止阀座；4—膜片组；5—节流孔；7—活门；
8—膜片；10—喷嘴；11—挡板；12—膜片；13—调压弹簧；14—调压手轮

定值器处于非工作状态时，由气源输入的压缩空气进入 A 室和 E 室。主阀芯 2 在弹簧 1 和气源压力作用下压在截止阀座 3 上，使 A 室与 B 室断开。进入 E 室的气流经阀口（又称为活门 7）进至 F 室，再通过节流孔 5 降压后，分别进入 G 室和 D 室。由于这时尚未对膜片 12 加力，挡板 11 与喷嘴 10 之间的间距较大，气体从喷嘴 10 流出时的气流阻力较小，C 室及 D 室的气压较低，膜片 8 及膜片组 4 皆保持原始位置。进入 H 室的微量气体主要部分经 B 室通过溢流口从排气口排出；另有一部分从输出口排空。此时输出口输出压力近似为零，由喷嘴流出而排空的微量气体是维持喷嘴-挡板装置工作所必需的，因其为无功耗气量，所以希望其耗气量越小越好。

定值器处于工作状态时，转动调压手轮 14 压下调压弹簧 13 并推动膜片 12 连同挡板 11 一同下移，挡板 11 与喷嘴 10 的间距缩小，气流阻力增加，使 C 室和 D 室的气压升高。膜片组 4 在 D 室气压的作用下下移，将溢流阀口关闭，并向下推动主阀芯 2，打开阀口，压缩空气即经 B 室和 H 室由输出口输出。与此同时，H 室压力上升并反馈到膜片 12 上，当膜片 12 所受的反馈作用力与弹簧力平衡时，定值器便输出一定压力的气体。

当输入的压力发生波动，如压力上升，若活门、进气阀芯 2 的开度不变，则 B、F、H 室气压瞬时增高，使膜片 12 上移，导致挡板 11 与喷嘴 10 之间的间距加大，C 室和 D 室的气压下降。由于 B 室压力增高，D 室压力下降，膜片组 4 在压差的作用下向上移动，使主阀口减小，输出压力下降，直到稳定在调定压力上。此外，在输入压力上升时，E 室压力和 F 室瞬时压力也上升，膜片 8 在上下压差的作用下上移，关小活门 7。由于节流作用加强，F 室气压下降，始终保持节流孔 5 的前后压差恒定，故通过节流孔门的气体流量不变，使喷嘴、挡板的灵敏度得到提高。当输入压力降低时，B 室和 H 室的压力瞬时下降，膜片 12 连同挡板 11 由于受力平衡破坏而下移，喷嘴 10 与挡板 11 间的间距减小，C 室和 D 室压力上升，膜片 8 和膜片组 4 下移。膜片组 4 的下移使主阀口开度加大，B 室及 H 室气压回升，直到与调定压力平衡为止。而膜片 8 下移，开大活门，F 室气压上升，始终保持节流孔 5 前后压差恒定。

同理，当输出压力波动时，将与输入压力波动时得到同样的调节。

定值器利用输出压力的反馈作用和喷嘴-挡板的放大作用控制主阀，使其能对较小的压力变化作出反应，从而使输出压力得到及时调节，保持出口压力基本稳定，定值稳压精度较高。

(6) 带逆流功能的减压阀　要求输入气缸的空气压力可调时，需装减压阀。但一般减压阀无逆流功能，即释放了一次侧压力，反向却不能释放掉二次侧压力。为了使气缸返回时能快速排气，需与减压阀并联一个单向阀，见图 4-34。若把单向阀和减压阀设置在同一阀体内，则此阀便是带单向阀的减压阀，也称为具有逆流功能的减压阀。

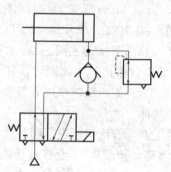

图 4-34　气缸返回时快速排气回路

带逆流功能的减压阀结构如图 4-35 所示，通过旋转调压手柄，压缩单向阀弹簧 6，可调节带逆流功能的减压阀（单向减压阀）的出口 OUT 的压力大小［图 4-35(b)］。此时阀起减压阀的作用。

当进口压力比设定压力高的时，单向阀阀芯 3 关闭，进气口 IN 来的压缩空气通过内流道（图中未给出）经减压口减压后进入 a 腔，作用在减压阀阀芯 4 的上端面上产生向下的力大于调压弹簧 7 向上的力，a 腔打开一定开口将进口 IN 来的压缩空气减压，从出口 OUT 流出，作通常的减压阀用［图 4-35(c)］；反向流动时，出口压力升高，单向阀阀芯 3 上移打开，此时进口压力被切断排气作用，在单向阀阀芯 3 上的进口压力没有了，反而出口压力作用在单向阀阀芯下端面上，向下被密封的力仅是弱弹簧 6 很小的力，则向上推开单向阀阀芯 3，即阀芯 3 开启，靠出口压力将阀芯 3 打开，

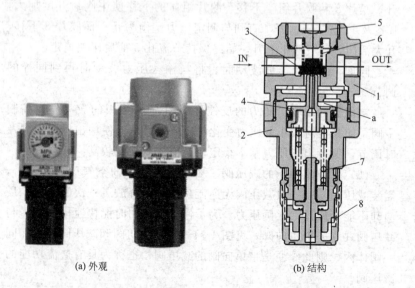

(a) 外观　　　　　　　　　　　　(b) 结构

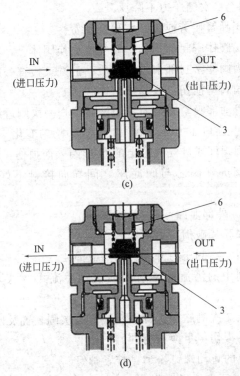

图 4-35 带逆流功能的减压阀

1—阀体；2—阀盖；3—单向阀阀芯；4—减压阀阀芯；5—螺塞；

6—单向阀弹簧；7—调压弹簧；8—调压手柄

出口压力由进口侧排出 [图 4-35(d)]。即正向起减压阀的作用，反向起单向阀的作用。

注意：当设定压力一旦在 0.15MPa 以下，由于弹簧 6 的力，阀芯 3 有可能打不开。

3. 减压阀的故障分析与排除

【故障 1】 不能调整压力

① 调压弹簧断裂：应予以更换。

② 膜片破裂：应予以更换。

③ 膜片有效受压面积与调压弹簧设计不合理。

【故障 2】 二次侧压力不降反升

① 减压阀弹簧疲劳或折断：更换弹簧。

② 减压阀阀体密封部损伤：修复或更换阀体。

③ 减压阀阀体密封部卡进了杂质：消洗，检查一次侧过滤器。

④ 减压阀阀座损伤：修复或更换阀体。

⑤ 阀体滑动部吸附有杂质：消洗，检查一次侧过滤器。

【故障 3】 出口压力发生激烈波动或不均匀变化

① 减压阀阀杆或进气阀芯上的 O 形圈表面损伤：应予以更换。

② 减压阀进气阀芯与阀底座之间导向接触不好：整修或换阀芯。

【故障 4】 外部泄漏

① 减压阀膜片破损：更换膜片。

② 减压阀二次侧压力升高：参照故障 1。

③ 减压阀中的溢流阀密封圈损伤（溢流式）：更换溢流阀密封圈。

④ 减压阀二次侧施加了背压：检查二次侧装置及回路。

⑤ 密封件损伤：更换密封件。

⑥ 阀帽上的止动螺钉松动：拧紧螺钉。

【故障 5】 压力慢慢下降

① 减压阀阀口径小：换口径大的型号。

② 减压阀阀内堆积杂质：清洗阀并检查过滤器。

③ 减压阀进气阀座和溢流阀座有杂物：取下清洗。

④ 减压阀阀杆顶端和溢流阀阀座之间密封漏气：更换密封圈。

⑤ 减压阀阀杆顶端和溢流阀之间研配质量不好：重新研配或更换。

⑥ 减压阀内膜片破裂：应更换。

【故障 6】 松动手柄也无法减压（不溢流）

① 减压阀阀内的溢流阀密封圈筛眼堵塞：消洗、检查过滤器。

② 使用了非溢流式：换为溢流式，或安装解除二次侧压力的切换阀。

【故障 7】 阀出现异常振动

①减压阀调压螺钉位置产生偏差：调整到正常位置。

②弹簧的弹力减弱或弹簧错位，阀体的中心、阀杆的中心错位：更换弹力减弱的弹簧并调整位置偏差。

③因空气消耗量呈周期变化使阀不断开启、关闭，与减压阀引起共振：改变消耗量周期。

【故障8】　调压时压力升高较慢

①过滤网堵塞：应拆下消洗。

②下部密封圈阻力大：更换密封圈或检查有关部分。

三、溢流阀

溢流阀是在回路内的空气压力超过设定值时，向排气侧释放流体，从而保持设定值压力恒定的控制阀。

溢流阀有直动式和先导式，前者是通过调整弹簧来设定溢流压力。空气压力作用于膜片，通过调整弹簧相平衡的溢流压力打开阀座，空气向外部排出（溢流阀）。先导式是通过外部的先导压力设定溢流压力的，用于管子尺寸大或者远距离操作的场合。

1.直动式溢流阀的工作原理与结构举例

直动式溢流阀结构简单，但灵敏性稍差。

（1）工作原理　如图4-36所示，当气动系统的气体压力在规定的范围内时，由于气压作用在活塞3上的力小于调压弹簧2的预压力，所以活塞处于关闭状态。当气动系统的压力升高，作用在活塞3上的力超过了弹簧的预压力时，活塞3就克服弹簧力向上移动，开启阀门排气，直到系统的压力降至规定压力以下时，阀重新关闭。开启压力大小靠调压弹簧的预压缩量来实现。

一般一次侧压力比调定压力高3%～5%时。阀门开启，一次侧开始向二次侧溢流，此时的压力为开启压力。反之比溢流压力低10%时，就关闭阀门，此时的压力为关闭压力。

图4-37所示为几种直动式溢流阀的工作原理图。当进气口P来的压缩空气作用在阀芯3或膜片7下端面上产生的向上的力小于调压弹簧2所调节的向下的弹簧力时，阀不打开，进气口维持调压手柄1所调节的压力。当进气压气口P来的压缩空气作用在阀芯3

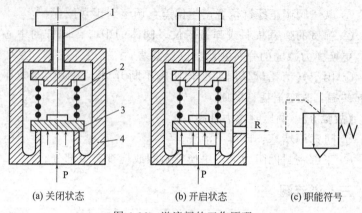

(a) 关闭状态   (b) 开启状态   (c) 职能符号

图 4-36 溢流阀的工作原理

1—调节手柄；2—调压弹簧；3—活塞（阀芯）；4—阀体

或膜片 7 下端面上产生的向上的力大于调压弹簧 2 所调节的向下的弹簧力时，阀芯上抬打开，P→T 溢流，进气口 P 压力下降，至调压弹簧 2 所调节的压力时，阀又关闭，进气口维持调压手柄 1 所调节的压力不变。

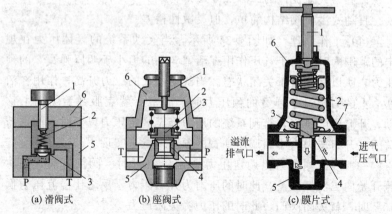

(a) 滑阀式   (b) 座阀式   (c) 膜片式

图 4-37 几种直动式溢流阀的工作原理图

1—调压手柄；2—调压弹簧；3—阀芯；4—阀座；5—阀体；6—阀盖；7—膜片

调节调压手柄 1，可调节进气口 P 不同的压力大小，顺时针方向旋转调压手柄 1，进气口 P 升压；逆时针方向旋转调压手柄 1，进气口 P 降压。溢流阀起调压作用。

（2）结构 图 4-38 所示为直动式溢流阀的结构。当储气罐或回路中压力超过调压手轮 4 所调节的某调定值时，并联在储气罐或回路中的溢流阀的阀芯 2 压缩调压弹簧 3 而上抬，开启了 Ps→T 通道，安全阀往外放气。当系统中气体压力在调定范围内时，作用在阀芯 2 上的力小于调压弹簧 3 的力，阀芯 2 压在阀座 1 上，处于关闭状态。此时在系统中做安全阀起过压保护作用。

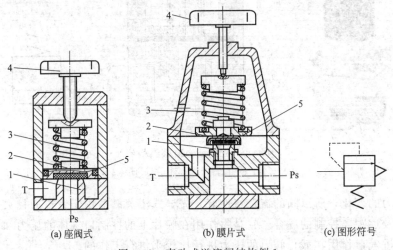

(a) 座阀式　　　　(b) 膜片式　　　　(c) 图形符号

图 4-38　直动式溢流阀结构例 1

1—阀座；2—阀芯；3—调压弹簧；4—调压手轮；5—密封件

图 4-39 所示为日本 CKD 公司生产的 B6061 型直动式溢流阀的结构。

2. 先导式溢流阀的工作原理与结构举例

（1）工作原理 图 4-40 所示为外部先导式溢流阀的先导阀为减压阀的工作原理（先导阀图中未给出）。由减压阀减压后的空气（先导压力）从上部先导控制口进入的先导压力，作用于膜片上方所形成向下的力与进气口 P 进入的空气压力作用于膜片下方所形成的向上力相平衡。这种结构型式的阀能在阀门开启和关闭过程中，使控制压力保持不变，即阀不会产生因阀的开度引起的设定压

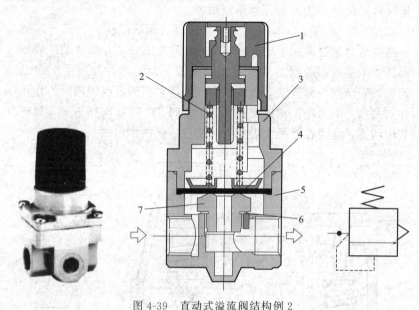

图 4-39 直动式溢流阀结构例 2

1—调压手柄；2—调压弹簧；3—阀盖；4—膜片；5—阀体；6—密封垫；7—阀座

力的变化，所以阀的流量特性好。先导式溢流阀适用于管道通径大及远距离控制的场合。它是靠作用在膜片上的控制口气体的压力和进气口作用在截止阀口的压力进行比较来进行工作的。

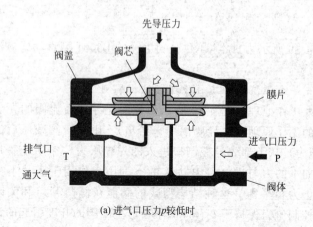

(a) 进气口压力 p 较低时

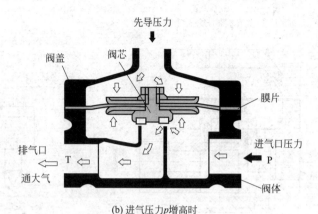

(b) 进气压力p增高时

图 4-40　先导式溢流阀的工作原理

当溢流阀进气口压力 p 较低时，先导控制压力将膜片下压，主阀芯也下压，封闭了主阀芯与阀座接触面，排气口无气体流出，不溢流；当溢流阀进气压力 p 增高时，作用在膜片下端面产生的向上作用力增大，膜片向上变形，带动主阀芯上移，打开了主阀芯与阀座接触面，形成了 P 到 T 的通路，按图中箭头方向从排气口排出气体溢流，压力 p 下降。

（2）结构　图 4-41 为先导式溢流阀的结构。先导阀为直动式减压阀，图中未画出。图中只给出了先导式溢流阀的主阀结构。

3.安全阀的结构原理

溢流阀也可作安全阀用，常并联在储气罐或回路中，用来防止储气罐或回路内压力超过最大许用压力，保证储气罐或回路的安全。

安全阀是为防止元件、配管破损而在回路中限定最高压力的阀。由于有高压气体管理法、安全卫生规则等法规强制规定，故有义务在气罐等压力容器上设置安全阀。

图 4-42 是对气罐、气动元件进行过压保护而使用的突破式安全阀。一次侧的空气压力作用在阀体下面，在通常压力下由于调整弹簧的压缩力作用，阀体处于关闭状态。当一次侧空气压力上升超过设定的调整弹簧压缩力时，阀体和密封件的密封部会打开一点间

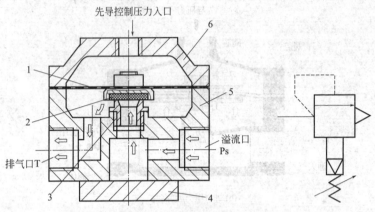

图 4-41 气动先导式溢流阀的结构与图形符号

1—膜片；2—阀芯及密封件；3—阀座；4—底板；5—阀体；6—阀盖

隙，一次侧空气压力作用于阀体四周，使阀体快速打开，一次侧压力向二次侧排出。一次侧的空气压力一下降，阀体因调整弹簧的压缩力比顶起阀体的压力大而关闭。

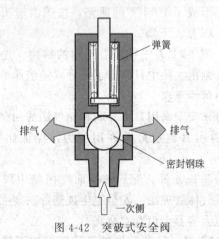

图 4-42 突破式安全阀

4. 溢流阀的故障分析与排除

【故障 1】 溢流阀的压力调不上去

① 调压弹簧疲劳或折断，或错装成弱弹簧，弹力不够：此时

应更换成合格弹簧。

② 图 4-38 中的密封件 5 与图 4-41 中的密封件 2 破损，不密封：此时应更换密封。

③ 图 4-41 中的膜片破裂：更换膜片。

④ 图 4-42 中的钢球与底部的一次侧的油口不密合：修复。

【故障 2】 压力没有超过设定值，但在二次侧却溢出空气

① 阀内进入有异物：清洗。

② 阀座损伤：更换阀座。

③ 调压弹簧损坏：更换调压弹簧。

【故障 3】 溢流时发生振动

① 压力上升速度很慢，溢流阀溢出流量多，引起阀振动：使用启闭压力差较小的溢流阀。

② 因从压力上升源到溢流阀之间被节流，使阀前端压力上升慢而引起振动：增大压力上升源到溢流阀的管道口径。

四、顺序阀与单向顺序阀

1. 工作原理

顺序阀是根据入口处压力的大小控制阀口启闭，从而可控制执行机构按动作顺序去动作的压力阀。

顺序阀很少单独使用，往往与单向阀组合一起使用，成为单向顺序阀。

（1）顺序阀的工作原理 顺序阀是依靠气路中压力的作用而控制执行元件按顺序动作的压力控制阀，它根据弹簧的预压缩量来控制其开启压力。当进口 P 输入压力未达到开启压力时，压缩空气作用于阀芯下端面产生的向上的力小于向下的弹簧力，于是阀芯关闭 P→A 的通路，阀出口 A 无气流输出 ［图 4-43(a)］；反之当输入压力达到或超过开启压力时，阀芯顶开弹簧，于是 P→A 才有输出 ［图 4-43(b)］。

（2）单向顺序阀的工作原理 顺序阀很少单独使用，往往与单向阀组合一起使用，成为单向顺序阀。在图 4-43 所示的 P 口和 A 口之间增加一个单向阀，便成了如图 4-44 所示单向顺序阀。

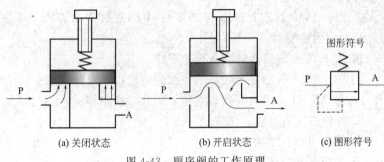

(a) 关闭状态　　(b) 开启状态　　(c) 图形符号

图 4-43　顺序阀的工作原理

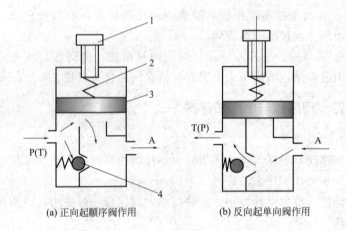

(a) 正向起顺序阀作用　　(b) 反向起单向阀作用

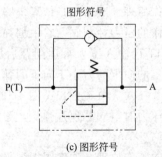

(c) 图形符号

图 4-44　单向顺序阀的工作原理

1—调压手柄；2—调压弹簧；3—顺序阀阀芯；4—单向阀

图 4-44(a) 正向流动起顺序阀作用：当从 P(T) 口进来的压缩空气作用在顺序阀阀芯 3 的下端面上产生向上的力未超过调压弹簧 2 向下的弹簧力时，顺序阀阀芯 3 不打开，单向阀反向截止，A 口无压缩空气流出；当从 P(T) 口进来的压缩空气作用在顺序阀阀芯 3 的下端面上产生向上的力超过调压弹簧 2 向下的弹簧力时，顺序阀阀芯 3 打开（图示位置），气流可从 P(T)→A。

图 4-44(b) 反向流动起单向阀作用：当压缩空气从 A 口流入，顺序阀阀芯 3 关闭，单向阀 4 正向开启，气流可从 A→P(T)。

2.结构

图 4-45 为单向顺序阀的结构图。当气流从 P 口进入时，单向阀反向关闭，压力达到顺序阀调压弹簧 6 调定值时，顺序阀阀芯 5 上移，打开 P→A 通道，实现顺序打开；当气流从 A 口流入时，气流顶开弹簧刚度很小的单向阀阀芯 1，打开 A→P 通道，实现单向阀的功能。

若无图中的单向阀，便是顺序阀的结构图。

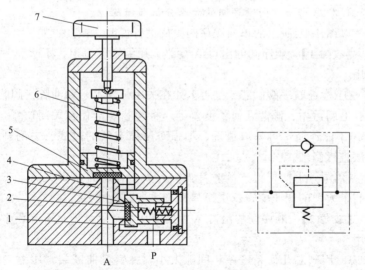

图 4-45　单向顺序阀的结构

1—单向阀阀芯；2—橡胶密封垫；3—单向阀阀座；4—单向阀阀体；
5—顺序阀阀芯；6—顺序阀调压弹簧；7—调压手柄

3. 应用举例

如图 4-46 所示，顺序阀可用来控制两个气缸的顺序动作。压缩空气先进入气缸 1，当压力达到某一给定值后，便打开顺序阀 4，压缩空气又进入气缸 2 才动作，实现两个气缸的顺序动作。由气缸 2 返回的气体经单向阀 3 和排气口排空。

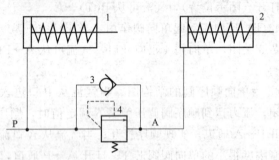

图 4-46　单向顺序阀的应用举例
1—气缸 1；2—气缸 2；3—单向阀；4—顺序阀

4. 顺序阀与单向顺序阀的故障分析与排除

以图 4-45 所示的单向顺序阀为例进行说明。

【故障 1】　顺序阀的出口 A 始终无压缩空气流出，不起顺序阀作用

① 检查顺序阀阀芯 5 是否卡死在关闭位置上，如油脏、阀芯 5 上有毛刺污垢、阀芯几何精度差等，将阀芯 5 卡住在关闭位置，P 与 A 不能连通：可采取清洗、加强对压缩空气的过滤、去毛刺等方法进行修理。

② 调压手柄拧得（顺时针方向）太紧，压力调得太高，或者错装了太硬的调压弹簧；更换弹簧，适当调整压力。

【故障 2】　顺序阀的出口 A 始终有压缩空气流出，不起顺序阀作用

① 因阀芯几何精度差、间隙太小，弹簧弯曲断裂，压缩空气太脏等原因，阀芯在打开位置上卡死，出口 A 始终有压缩空气流出：此时应进行修理，使配合间隙达到要求，并使阀芯移动灵活；检查压缩空气是否干净，若不符合要求应加强对压缩空气的过滤；

更换弹簧为合格品。

② 单向顺序阀中的单向阀在打开位置上卡死或其阀芯与阀座密合不良时进行修理，使配合间隙达到要求，并使单向阀芯移动灵活；检查压缩空气是否干净，若不符合要求应加强过滤。

③ 单向顺序阀中漏装了单向阀芯（锥阀或钢球）时，予以补装。

五、压力继电器

压力继电器也叫压力开关，是在流体的压力到达规定值时开闭电气接点的元件。当输入压力达到设定值时，电气触点接通，发出电信号；输入压力低于设定值时，电气触点断开的元件，也称为气电转换器，有机械式和电子式两种。

机械式压力继电器是由接受气压的部分（动铁芯或膜片）、电气接点部分（微型开关为主体）、压力设定部分（由弹簧和调整针阀设定）等组合而成，接受气压部分的力与压力设定部分保持平衡的位置就是电气接点部分的切换位置。

随着电子装置的发展，产生了电子式压力继电器。其构造是用半导体压力传感器检测气压，并根据常规 LSI 进行计算，通过晶体管显示电气信号和气压的液晶数据。

1.压力继电器的用途

机械式压力继电器和电子式压力继电器的一般性能的比较参照表 4-7，压力开关主要有以下用途。

① 对气压气源的压力进行监视，在规定空气压力以下时，为了安全发出报警信号，使机器停止运动。

② 在机器的某道工序内，先确定空气压力是作用于目标机器还是漏掉了，经确认后再向下道工序发信号。

③ 用电气来检测空气压力是否起作用。

表 4-7　机械式压力继电器和电子式压力继电器的比较

项目		机械式	电子式
检测部	精度	因有机械式可动部,所以精度低	因无机械式可动部,所以精度高

续表

项目		机械式	电子式
检测部	响应性	响应性差	响应性好
	寿命	短	长（半永久性）
	电源	不需要	需要
输出部	接点容易	使用微型开关等带接点的开关，接点容量大	通过晶体管输出，接点容量少
	开关动作	差动（磁滞）动作	根据设定方法，可进行窗（WINDOW）动作和差动（磁滞）动作
	寿命	短	长（半永久性）
	电源	可以用于 AC 电源、DC 电源	只能用于 DC 电源

2. 机械式压力继电器的工作原理与结构举例

（1）工作原理 压力继电器的工作原理如图 4-47 所示，从图中可以看到，当 X 口的气压力达到一定值时，作用在推杆左端面上的力即可推动柱塞（阀芯）克服调压弹簧力右移，柱塞右端的锥面将顶杆上推，从而使电气触点 1、2 断开，1、3 闭合导通。当压力下降到一定值时，则柱塞在弹簧力作用下左移，电气触点复位。给定压力的大小可通过旋转调节旋压手柄设定。

（2）结构 图 4-48 为压力继电器的结构，旋转调压螺套 2 可调节调压弹簧的弹力大小，它决定压力继电器工作压力的高低。当 X 口进口压力达到一定压力，作用在橡胶薄膜 5 上产生的向上力大于调压弹簧所调的弹力大小，顶杆向上，按下微动电开关，使电路换接。

3. 膜片式压力继电器的结构原理

膜片式压力继电器的结构原理如图 4-49 所示，当气压输入信号从进口 IN 进入，作用在膜片 1 的上部，产生向下的力，此向下的力与根据动作点设定的弹簧 2 向上的力对抗，若输入信号的压力上升，超过了设定值，膜片 1 向下位移，压下微动开关 3，改变电路接通或断开的状态，开闭电气回路。由于膜片 1 的位移量受壳体

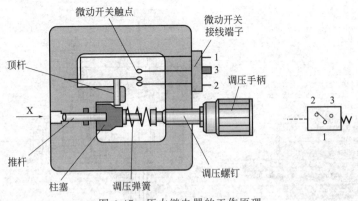

图 4-47 压力继电器的工作原理

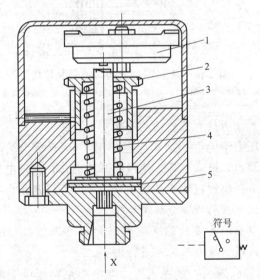

图 4-48 压力继电器的结构

1—微动电开关；2—调压螺套；3—顶杆；4—调压弹簧；5—橡胶薄膜

内部限位机构的限制，即使过负载微动开关也不会被损坏。当输入信号压力下降时，膜片 1 逆向动作，电气回路恢复原先的状态。若需变更设定，请将盖子 4 取下，通过调整螺纹 5 改变弹簧 2 的压缩量，可改变输入信号气压的压力设定值。

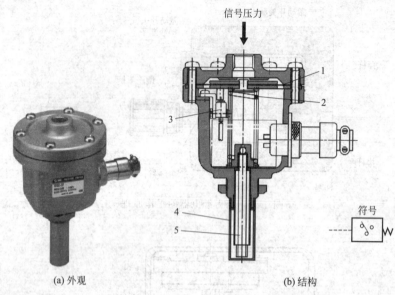

(a) 外观　　　　　　　　　　　　(b) 结构

图 4-49　膜片式压力继电器的结构原理

1—膜片；2—弹簧；3—微动开关；4—盖子；5—调整螺纹

4. 活塞式压力继电器的结构原理

活塞式压力继电器的结构原理如图 4-50 所示，气体压力通过活塞克服弹簧力，推动杠杆，使微动开关动作，实现电气电路的通断。它靠调节调整螺钉改变弹簧预紧力来改变设定压力。

5. 压力继电器的故障分析与排除

压力继电器的主要故障为误发信号或不发信号，现以图 4-48 所示的薄膜式压力继电器为例进行说明。

① 橡胶隔膜破裂：薄膜式压力继电器是利用压缩空气的压力上升，使薄膜向上鼓起压缩设定压力调节弹簧 4，推动指针 3 上移压下微动电开关的触头而工作的。当薄膜破裂时，压缩空气直接作用在柱塞上，使其动作值均有明显变化和出现不稳定现象，因而造成误发动作，此时只有更换新的薄膜。

② 微动开关定位不牢或未压紧：压力继电器的微动开关，靠螺钉压紧定位，因此在接电线、拆线时，螺丝刀加给微动开关的力

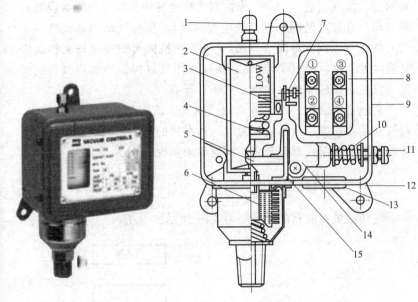

图 4-50 ISG 系列活塞式压力继电器的外观与结构

1—设定压力调整用螺钉；2—刻度板；3—指针（压差用）；4—设定压力调节弹簧；
5—主杠杆；6—波纹管组件；7—开关推压间隙调整螺钉；8—触点开关；9—本体；
10—迟滞调整用弹簧；11—迟滞调整用螺钉；12—托架；13—出线用套管；
14—开关操作连接杠杆；15—主杠杆限位支架

和维修外罩时碰动电线，均可能造成微动开关错位，致使动作值发生变化，即改变原来已调好的动作压力而误发动作信号。

③ 微动开关不灵敏，复位性差：微动开关内的簧片弹力不够，触头压下后便弹不起来，或因灰尘多粘住触头使微动开关信号不正常而误发动作信号。此时应修理或更换微动开关。

④ 电路故障：检查排除。

第三节　气动流量控制阀

在气动系统中，经常要求控制气动执行元件的运动速度，流量控制阀就是通过改变阀的流通截面积来实现对流量控制，从而对气缸的进、排气量进行调节，来控制气缸速度的元件。一般有设置在换向阀与气缸之间的元件（速度控制阀），保持气动回路流量一定的元件（节流阀、单向节流阀），安装在换向阀的排气口来控制气缸速度的元件（排气节流阀），快速排出气缸内的压缩空气，从而提高气缸速度的元件（快速排气阀）等等。

它包括节流阀、单向节流阀、排气节流阀等。在气动系统中，对气缸运动速度、信号延迟时间、油雾器的滴油量、缓冲气缸的缓冲能力等的控制，都是依靠控制流量来实现的。

一、气动流量控制阀的分类

气动流量控制阀的分类如图 4-51 所示。

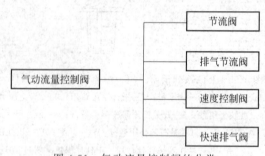

图 4-51　气动流量控制阀的分类

二、节流阀的工作原理与结构举例

在气动自动化系统中，通常需要对压缩空气的流量进行控制，如气缸的运动速度，延时阀的延时时间等。

1.节流阀的工作原理

节流阀的工作原理如图 4-52 所示。节流阀是依靠改变阀的流通面积来调节流量的。节流阀是将空气的流通截面积 S 缩小以增加气体的流通阻力，从而降低气体的压力和流量。对流过管道（或元件）的流量进行控制，只需改变管道的截面积就可以了。要求节流阀流量的调节范围较宽，能进行微小流量调节，调节精确，性能稳定，阀芯开度与通过的流量成正比。

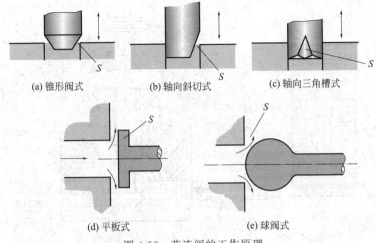

(a) 锥形阀式　　(b) 轴向斜切式　　(c) 轴向三角槽式

(d) 平板式　　(e) 球阀式

图 4-52　节流阀的工作原理

2. 节流阀的结构举例

（1）普通节流阀　如图 4-53 所示，阀体上有一个调节手柄（调节螺钉），可以调节节流阀的开口度（无级调节）大小，并可保持其开口度不变，此类阀称为可调节开口节流阀；流通截面固定的节流阀称为固定开口节流阀。可调节节流阀常用于调节气缸活塞的运动速度，一般将其直接安装在气缸进出口上，这种节流阀有双向节流作用。注意使用节流阀时，节流面积不宜太小，因为空气中的冷凝水、尘埃等塞满阻流口通路会引起节流量的变化。

节流阀原理很简单。节流口的形式有多种。常用的有针阀型、三角沟槽型和圆柱削边型等。图 4-53（a）为圆柱削边型阀口节流阀的结构，当旋转调节手柄 1，节流阀芯上下移动，改变了进气口 P 到出气口 A 的通流截面积，从而改变气体的通过流量，实现节流调速作用。

图 4-53（b）为圆锥面型阀口节流阀的结构。

（2）柔性节流阀　柔性节流阀的结构原理如图 4-54 所示。当旋转调节手柄 1，依靠压块 3 夹紧柔韧的橡胶管 4，在图中的 a 处便产生变形，减小通道的通流截面积，从而改变气体的通过流量，实现节流调速作用。

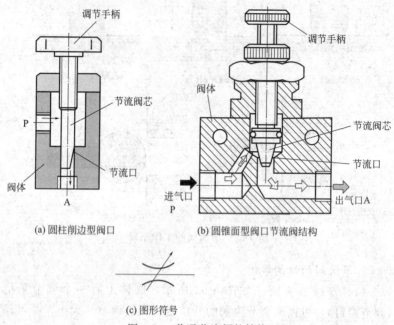

(a) 圆柱削边型阀口

(b) 圆锥面型阀口节流阀结构

(c) 图形符号

图 4-53　普通节流阀的结构

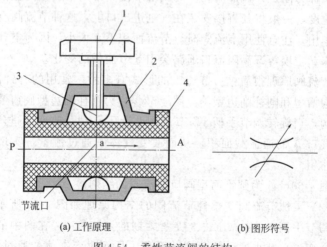

(a) 工作原理

(b) 图形符号

图 4-54　柔性节流阀的结构

1—调节手柄；2—阀体；3—压块；4—橡胶管

（3）排气节流阀 排气节流阀的结构原理如图 4-55 所示，排气节流阀安装在系统的排气口处，可降低排气噪声 20dB 以上。当旋转调节手柄 1，可改变节流口流通面积的大小，节流口的排气经过由消声材料制成的消声套 3，从而调节与限制由 A 口通入大气 T 的气流流量大小，排出的气体通入大气，实现节流作用。此阀在节流的同时减少排气噪声，所以常称排气消声节流阀。

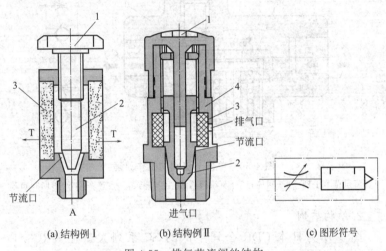

图 4-55 排气节流阀的结构

1—调节手柄；2—节流阀芯；3—消声套；4—阀体

三、单向节流阀

1. 工作原理

单向节流阀是将节流阀和单向阀并联组合，在气动回路中控制气缸等的速度的阀。在控制节流流动时，单向阀关闭，气流通过节流阀而使流量得到调整。在自由流动时，单向阀打开，空气从节流阀和单向阀开始流动。

图 4-56 为单向节流阀的工作原理图，其节流阀口为针阀型结构。当气流从 P 流入时，单向阀阀芯 6 受力向上运动，紧抵阀口 b，密封封住了阀口 b，气流只能经节流阀阀芯 3 的节流开口流向

A，实现节流功能；反之，当气流从 A 口流入时，顶开单向阀芯6，气流从阀芯 6 的周边槽口流向 P，实现反向单向阀功能。

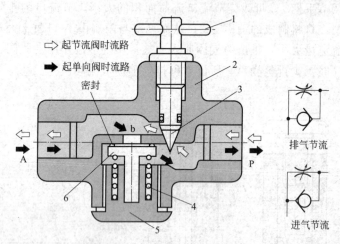

图 4-56 单向节流阀的工作原理

1—流量调节手柄；2—阀体；3—节流阀阀芯；4—弹簧；5—螺塞；6—单向阀阀芯

2. 结构举例

图 4-57 为日本 CDK 公司生产的 SC 系列大口径（RC3/4～RC2）单向节流阀的结构图，为大流量直通式标准型速度控制阀。单向阀为一座阀式阀芯。当手轮开启圈数少时，进行小流量调节。当手轮开启圈数多时，节流阀杆将单向阀顶开至一定开度，可实现大流量调节。直通式接管方便，占空间小。

还有推锁式速度控制阀，其手轮类似于 AR 系列减压阀的手轮工作原理，手轮拔起，节流阀可调；手轮压回，节流阀被锁住。

图 4-58 为日本 CDK 公司生产的 SC3U 系列大口径单向节流阀的结构：带快换接头的万向式速度控制阀（弯头式）。接头体可绕回转阀体 9 转动 360°，可任意改变连接管方向。接头体 17又可绕回转轴 5 转动 360°。这种速度控制阀可直接安装在气缸上，可节省接头及配管，节省工时，结构紧凑，重量轻。节流阀带锁紧机构。

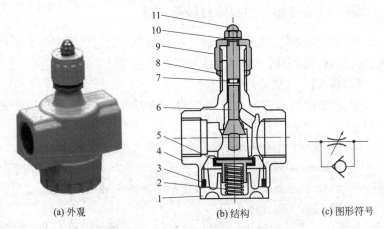

图 4-57 SC 系列大口径单向节流阀结构图

1—螺塞；2—弹簧；3,7—O 形圈；4—阀体；5—单向阀阀芯组件；6—流量阀调节杆；
8—锁母；9—螺套；10—带齿垫圈；11—螺盖

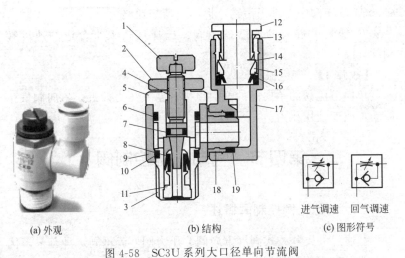

图 4-58 SC3U 系列大口径单向节流阀

1—旋钮；2—锁母；3—密封胶；4—节流阀芯；5—回转轴；6,7,10,19—O 形圈；
8—V 形密封圈；9—回转阀体；11—单向阀；12—管套；13—外圈；14—卡套；
15—卡套夹；16—密封；17—接头体；18—挡环

四、流量控制阀的故障分析与排除

流量控制阀出了故障，是通过所控制的气缸得以表现的，所以速度控制阀故障分析与排除方法如下。

【故障1】 气缸运转不顺畅

① 速度控制阀的安装方向不对（为进气节流式）：确认安装方向。

② 在气缸行程途中负荷有变动：降低气缸负荷率。

③ 气缸速度规格降低，以低速运转：气缸的最低限速为50mm/s，低于这个速度要使用液压制动缸或气液压转换器。

【故障2】 气缸速度太慢

与气动元件、配管相比，速度控制阀的有效截面积太小：速度控制阀的流量控制侧有效截面积比相同配管口径的其他的元件小，所以确认数据后进行更换。

【故障3】 不能进行微调

① 节流阀中卡进了污物：拆卸、清扫通路。

② 安装了过大的速度控制阀：选择规格大小合适的速度控制阀。

【故障4】 产生振动

单向节流阀的单向阀的开启压力和空气压力接近，单向阀发生振动：改变使用压力。

第四节 气动比例控制阀

一、气动比例控制阀概述

上述三大类开关式阀（方向阀、压力阀、流量阀）具有很多优点，但每次调节只能输出一种信号，比如压力阀，每调节一次手柄，只能输出一种压力，于是出现了比例阀。气动比例控制阀是一种输出量与输入信号成比例的气动控制阀，它可以按给定的输入信号连续、按比例地控制气流的压力、流量和方向。由于比例控制阀具有压力补偿的性能，所以其输出压力、流量等可不受负载变化的影响。

气动比例控制阀是输出与输入信号（电压或电流）成正比的压力或流量的控制阀，根据此输入信号可自由控制空气的压力或流量。其可用于电位器的远程操作，或用于连接 PC 等控制装置，进行各种执行元件的气压、流量控制等，用途广泛。

比例阀也由两部分组成：①电-机械转换器（主要为比例电磁铁）；②气压阀部分。前者可以将电信号比例地转换成机械力与位移，后者接受这种机械力和位移后可按比例地、连续地提供气压压力、流量等的输出，从而实现电-气两个参量的转换过程。简言之，比例阀就是以电-机械转换器代替普通常规式（通断式）气动阀的调节手柄，用电调代替手调的阀。

比例阀根据用途分为：比例压力阀、比例流量阀、比例方向（方向-流量）阀以及比例复合阀。

二、比例电磁铁

1. 工作原理

比例电磁铁的工作原理如图 4-59 所示，在工作气隙附近被分为 Φ_1 与 Φ_2 两部分 ［图 4-59(b)］。其中 Φ_1 沿轴向穿过工作气隙进入极靴，产生端面力，而 Φ_2 则穿过径向间隙进入导套前端，产生轴向附加力。如图 4-59(c) 所示为比例电磁铁的位移-力特性。电磁铁引力只取决于线圈电流，因而通过改变输入电磁铁的电流大小，阀芯可以沿其行程定位于对应输入电流的任何位置上，即无数多个位置上，这与只有有限个位置的开关式阀是不同的。

2. 结构举例

比例电磁铁分为力调节型、行程调节型和位置调节型三种基本类型。

(1) 力调节型比例电磁铁　图 4-60(a) 为力调节型比例电磁铁的典型结构，主要由衔铁、导向管（导套）、极靴、壳体、线圈、推杆等组成。导套的前后两段由导磁材料制成，中间一段用非导磁材料（隔磁环）。导套具有足够的耐压强度，可承受很高静压力。

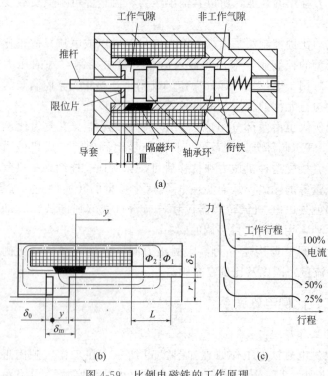

图 4-59　比例电磁铁的工作原理

导套前段和极靴组合，形成带锥形端部的盆型极靴。隔磁环前端斜面角度及隔磁环的相对位置，决定了比例电磁铁稳态特性曲线的形状。导套和壳体之间，配置了螺线管式控制线圈。衔铁前端装有推杆，用以输出力或位移；后端装有弹簧和调节螺钉组成的调零机构，可在一定范围内对比例电磁铁，乃至整个比例阀的稳态控制特性曲线进行调整。

力调节型比例电磁铁直接输出力，它的工作行程短，直接与阀芯或通过传力弹簧与阀芯连接。位移-力特性如图 4-60（b）所示，从图中可知，在约 1.5mm 气隙的范围内，力与电流成线性关系，用在比例阀中就用这一段就够了。

对于力调节型电磁铁而言，在衔铁行程没有明显变化时，通过

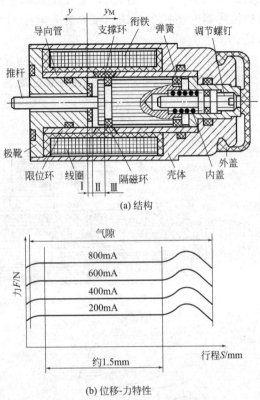

(a) 结构

(b) 位移-力特性

图 4-60 力调节型比例电磁铁

改变电流 i(mA) 来调节其输出的电磁力。由于其行程小，可用于比例方向阀和比例压力阀的先导级，将电磁力转换为气压力。

（2）行程调节型比例电磁铁 行程调节型比例电磁铁只不过是在力调节型比例电磁铁的基础上，将弹簧布置在阀芯的另一端得到的而已，其特性与力调节型比例电磁铁基本一致。

（3）位置调节型比例电磁铁 图 4-61(a) 是位置调节型比例电磁铁的结构图。其衔铁位置，即由其推动的阀芯位置，通过一闭环调节回路进行调节。只要电磁铁运行在允许的工作区域内，其衔铁就保持与输入电信号相对应的位置不变，而与所受反力无关，它的负载刚度很大。这类比例电磁铁多用于控制精度要求较高的直接控制式比例阀上。在结构上，除了衔铁的一端接上位移传感器（位移传感器的动杆与衔铁固接）外，其余与力控制型比例电磁铁相同。

使用行程调节型电磁铁，能够直接推动诸如比例方向阀、比例流量阀及比例压力阀的阀芯，并将其控制在任意位置上。电磁铁的行程因规格而不同一般为 3~5mm 之间。

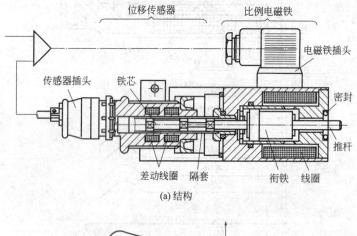

(a) 结构

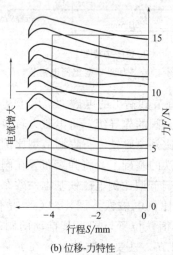

(b) 位移-力特性

图 4-61　位置调节型比例电磁铁

三、比例压力控制阀

1. 直动式比例压力控制阀的工作原理与结构举例

比例压力控制阀通过输入成比例的电信号或气压信号与来自操作部的力对抗取得平衡来控制阀的动作，可以输出与输入信号成正比的压力。

（1）工作原理 直动式比例压力控制阀的工作原理如图 4-62 所示。比例电磁铁中通入输入信号（电流）时，产生一与输入信号成比例的力 F_{SOL}（向左），在阀的输出口 A 有一条反馈管路通至滑芯的左端的反馈室，反馈压力作用在滑芯上产生的向右的力与向右的弹簧力之和，合计为 F_{P2}（向右）。F_{SOL} 与 F_{P2} 之间的关系决定了滑芯的行程位置：

图 4-62(a)，当流向比例电磁铁的电流比较小时，F_{SOL} 也较小，此时因力 F_{P2} 大于 F_{SOL}，使滑芯向右位移，空气从 A 口流到 R 口，输出压力降低；

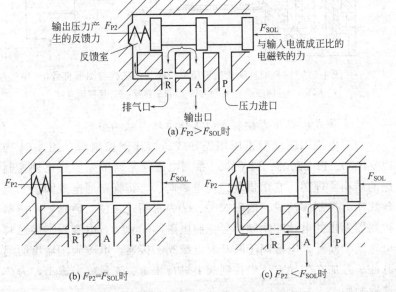

图 4-62 直动式比例压力控制阀的动作说明

图 4-62(b)，当流向比例电磁铁的电流适中时，F_{SOL} 也适中，F_{P2} 和 F_{SOL} 平衡时（$F_{P2}=F_{SOL}$）输出口 A 关闭。

图 4-62(c)，当流向比例电磁铁的电流增大时，F_{SOL} 也增大，$F_{SOL}>F_{P2}$，阀芯左移，空气从压力供给口 P 提供给输出口 A，这样，可以得到与比例电磁铁的电流大小成比例的输出口 A 的气压。

（2）结构　按结构分比例压力控制阀分为直动式与先导式。图 4-63 所示为 3AP 型与图形符号直动式比例压力控制阀的结构。

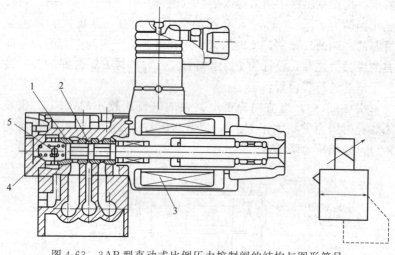

图 4-63　3AP 型直动式比例压力控制阀的结构与图形符号
1—阀套；2—阀芯；3—比例电磁铁；4—弹簧；5—反馈压力口

2.先导式比例压力控制阀的工作原理与结构举例

（1）电磁阀驱动型正压用先导式压力比例控制阀　图 4-64 为 ITV1000、ITV2000、ITV3000 系列电磁阀驱动型先导式比例控制阀的结构原理图。它由供气二通电磁阀①、排气二通电磁阀②和先导式压力控制阀构成。电磁阀①、②为常断式二位二通阀，由调制控制器发出的电脉冲调制信号控制电磁阀①和②，电磁阀①接通时电磁阀②断开，电磁阀①断开时电磁阀②接通。电磁阀①输出的气脉冲信号加在先导式压力控制阀上进行压力、流量放大输出，为高速控制阀。

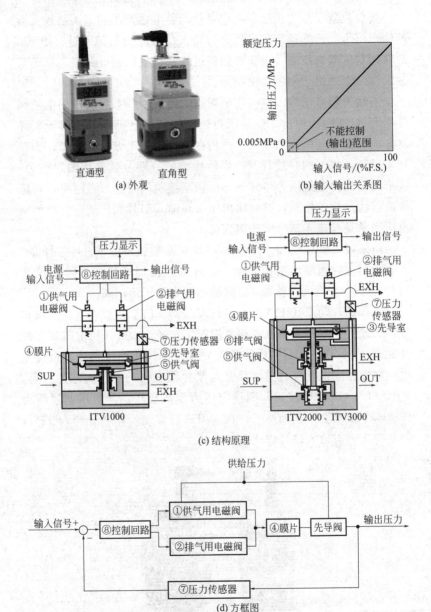

图 4-64 电磁阀驱动型先导式比例控制阀的结构原理图

阀内设置了压力传感器,用来检测经电磁阀①和②调制放大后的输出压力。根据输出信号压力与输入信号压力的偏差进行 PWM 的脉冲宽度调制控制,操作电磁阀进气和排气以进行补偿,得到与输入信号压力成比例的输出压力。

当输入信号增大,供气用电磁阀①接通(ON),排气用电磁阀②断开(OFF)。因此,供给压力通过供气用电磁阀①作用于先导室③内,先导室内压力增大,作用在膜片④的上方。其结果,和膜片④联动的供气阀⑤被打开,供给压力的一部分就变成输出压力。这个输出压力通过压力传感器⑦反馈至控制回路⑧,在这里,目标值进行快速比较修正,直到输出压力与输入信号成比例,以使得输出压力总是与输入信号成比例变化。

由于没有使用喷嘴-挡板机构,故阀对杂质不敏感,可靠性高。

(2)电磁阀驱动型真空用先导式压力比例控制阀 图 4-65 为 ITV2090、ITV2091 系列电磁阀驱动型真空用比例阀。

动作原理与上述 ITV1000、ITV2000、ITV3000 电气比例阀相似:当输入信号增大,真空用电磁阀①接通,大气压用电磁阀②断开,则 VAC 口与先导室③接通,先导室的压力变成负压,该负压作用在膜片④的上部,其结果是与膜片④联动的真空阀芯⑤开启,VAC 口与 OUT 口接通,则设定压力变成负压。此负压通过压力传感器⑦反馈至控制回路⑥,在这里进行修正动作,直到 OUT 口的真空压力与输入信号成比例的变化。

直通型   直角型

(a)外观

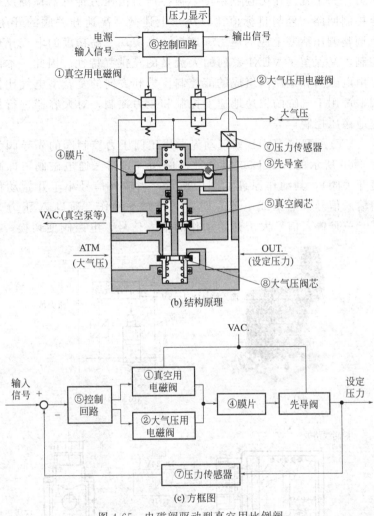

(b) 结构原理

(c) 方框图

图 4-65 电磁阀驱动型真空用比例阀

（3）VY1A 型与 VY1B 型气动先导式比例压力控制阀　VY1 系列是以 VEXI 系列大流量溢流型减压阀为基础开发出的电气比例快速调压阀。它利用一个高速通断动作的二位三通电磁阀（即高速开关阀）为先导阀，来控制 VEXI 减压阀的调压活塞的上腔压力。为了提高压力控制精度，被控压力由压力传感器检测反馈至控制回路，经与目标值比较决定上述微型高速开关阀的开闭，以调整调压活塞上腔的压力。这样，既实现了高精度的电气比例控制，又保留了 VEXI 系列的大流量的充排气特性。因此，本阀是由电磁阀和减压阀组成的能控制压力和方向的复合型电气比例阀，可用于气缸的快速地速度控制和压力控制，对大容器进行快速地稳压控制，等。

VY1A 型与 VY1B 型气动先导式比例压力控制阀的先导阀为图 4-66 所示的 VY1D00 型电气比例阀（二位三通电磁阀，即高速开关阀），其动作原理如图中所示：当输入信号小于开始动作的输入信号（电压或电流）时，电磁阀不动作，通口 A 压力为零。一旦输入信号大于开始动作的输入信号，电磁阀便切换，A

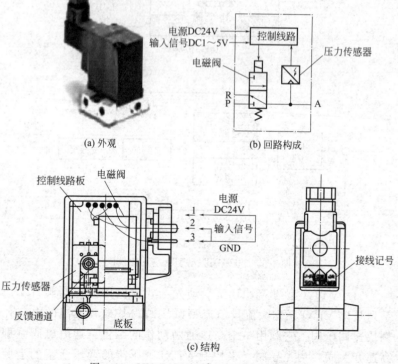

图 4-66　VY1D00（A 或 B）型电气比例阀

口有输出压力，且 A 口压力通过压力传感器反馈至控制回路，在那里反馈信号与给定的指令信号进行比较。当反馈信号小，则电磁阀仍通电，A 口压力上升（P→A）；当反馈信号大，则电磁阀断电，A 口压力下降（A→R）。由于电磁阀进行高频通断动作，A 口压力便被设定。本阀相当于用一个二位三通高速开关阀来替代上述 ITV 系列中的两个电磁阀。本阀断电时，输出压力为零，不能保压。

图 4-67 所示为日本 SMC 公司生产的 VY1A、VY1B 型气动先导式比例压力控制阀的动作原理图，调压活塞 3 右侧的先导压力

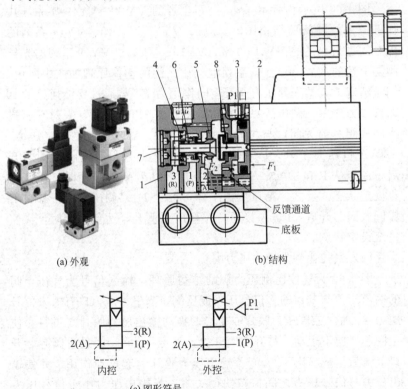

(a) 外观 (b) 结构

(c) 图形符号

图 4-67 VY1A、VY1B 型气动先导式比例压力控制阀

1—主阀体；2—先导阀组件；3—调压活塞；4—弹簧；5—阀套；

6—阀芯；7—止动闷头；8—推杆

（由上述 VY1D00 型先导阀组件 2 提供）所产生的作用力 F_1 与通过反馈通路 A 通口压力作用在调压活塞左侧的作用力 F_2 相平衡时，则阀芯 6 的供气口开启（P→A），排气口关闭（A→R）。与先导压力对应的 A 口压力便是设定压力。

一旦 A 口压力上升，$F_2 > F_1$，调压活塞右移，排气阀座开启，A 口从 R 口排气。一旦 A 口压力下降，达到新平衡，便又恢复至设定状态。相反，若 A 口压力下降，$F_1 < F_2$，调压活塞左移，供气阀座开启，从 P 口向 A 口供气。一旦 A 口压力上升，达到新平衡，便又恢复至设定状态。

图 4-68 所示为日本 SMC 公司生产的 VY11～VY19 型先导式比例压力控制阀的结构图。VY11、VY12、VY13、VY14 系列的先导阀也是上述的 VY1D00 型，VY15、VY17、VY19 系列的先导阀是上述的 VY1B00 型，系列电气比例阀的动作原理如图中所示，调压活塞上方的先导压力所产生的作用力 F_1 与通过反馈通路的 A 通口压力作用在调压活塞下方的作用力 F_2 相平衡时，一对平衡式座阀式阀芯都关闭，与先导压力相对应的 A 口压力是设定压力。一旦 A 口压力上升，$F_2 > F_1$，调压活塞上移，上座阀式阀芯开启，A 口从 R 口排气，A 口压力下降，达到新的平衡时，便恢复至设定状态。反之，A 口压力下降，$F_1 > F_2$，调压活塞下移，下座阀式阀芯开启，P、A 接通，A 口压力上升，达新平衡时，又恢复至设定状态。

（4）气控比例先导式压力阀

图 4-69 为气控比例压力阀的结构原理，输入信号为气压，阀的输出压力与气控输入信号压力成比例。当气控压力口有输入信号压力 p_1 时，控制压力膜片 6 变形，推动输出压力膜片 5 下行，使主阀芯 2 向下运动，打开主阀开口，气源压力 p_s 经过主阀芯 2 开口节流后形成输出压力 p_2。输出压力膜片 5 起反馈作用，并使输出压力与信号压力之间保持比例关系。当输出压力小于信号压力时，膜片组向下运动，使主阀口开大，输出压力增大。当输出压力大于信号压力时，控制压力膜片 6 向上运动，溢流阀芯 3 开启，多余的气体排至大气。调节针阀 7 的作用是使输出压力的一部分加到

信号压力腔，形成正反馈，增加阀的工作稳定性。

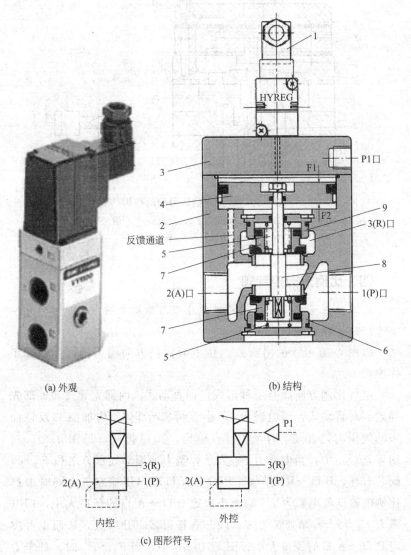

(a) 外观　　　　　　　　　　　　(b) 结构

(c) 图形符号

图 4-68　VY11～VY19 型先导式比例压力控制阀

1—先导阀组件；2—阀体；3—阀盖；4—调压活塞；5—弹簧；
6—阀套；7—提升阀；8—阀杆；9—阀套

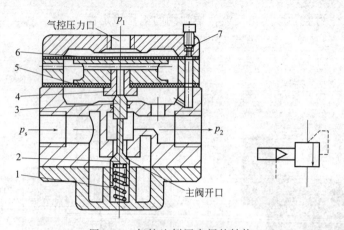

图 4-69 气控比例压力阀的结构

1—弹簧；2—主阀芯；3—溢流阀芯；4—阀座；5—输出压力膜片；
6—控制压力膜片；7—调节针阀

四、比例方向控制阀

1. 二位五通比例方向阀的工作原理与结构举例

（1）工作原理

以图 4-70 所示的滑阀式二位五通比例方向阀为例，说明其工作原理。

电气比例方向阀有三种形式，即直动式、内部先导式和外部先导式。对直动式，当电磁力 F_1 小于阀芯端部弹簧力加 A 口反馈而来的气压力之和 F_2 时，B 口有输出，A 口排气，见图 4-70（a）；图 4-70（c）中，当电磁力 F_1 大于弹簧力加端部气压力之和 F_2 时，阀芯右移，B 口→R2 排气，P 口→A 口输出压缩空气，同时根据比例电磁铁的电磁力 F_1 的大小决定 P 口→A 口的开口大小，即电磁力 F_1 大于右端弹簧力多，阀芯右移得多，开口大，从而也可决定 P 口→A 口的流量大小；图 4-70（b）中，当 $F_1 = F_2$ 时，处于力平衡状态，P 口封闭，A 口达到设定压力。

四通或五通比例方向控制阀除了可以控制气动执行元件的运动方向外，还可控制运动速度，所以比例方向阀也称为比例方向-流量阀。

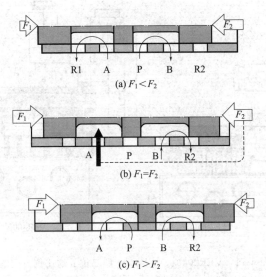

(a) $F_1 < F_2$

(b) $F_1 = F_2$

(c) $F_1 > F_2$

图 4-70 二位五通比例方向阀的工作原理

（2）结构举例

图 4-71 所示为日本 SMC 公司生产的 VER2000、VER4000 型二位五通比例方向阀外观、图形符号与结构图，1(P) 口为进气口，4(A) 口为电气比例阀压力控制输出口，2(B) 口为一般输出口，5(R1)、3(R2) 为排气口。

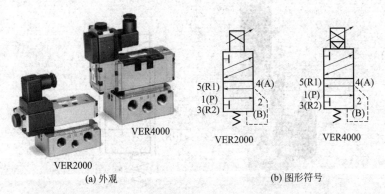

(a) 外观

(b) 图形符号

图 4-71

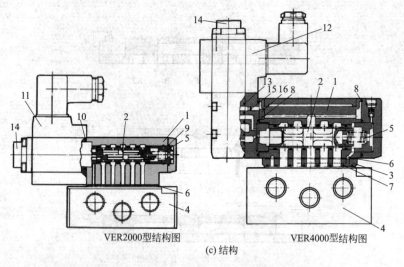

VER2000型结构图　　　　VER4000型结构图

(c) 结构

图 4-71　VER2000、VER4000 型二位五通比例方向阀

1—阀体；2—阀芯；3—反馈板；4—底板；5—弹簧 B；6,7,8—密封垫；

9,10—O 形圈；11—比例电磁铁；12—先导阀组件；13—密封垫；

14—锁母；15—过滤器；16—密封块

2.二位二通、二位三通比例方向阀的工作原理与结构举例

工作原理可参照上述。图 4-72 所示为日本 SMC 公司生产的 PVQ10、PVQ30 型二位二通比例方向阀的结构图。

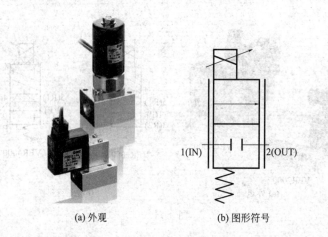

(a) 外观　　　　　　(b) 图形符号

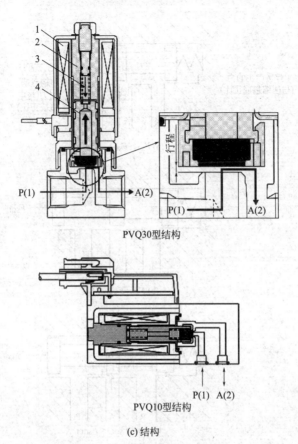

图 4-72 PVQ10、PVQ30 型二位二通比例方向阀

1—比例电磁铁线圈；2—固定铁芯；3—弹簧；4—可动铁芯

五、比例流量控制阀

1.比例流量阀的工作原理

图 4-73 所示为直动式比例流量控制阀工作原理，在阀的滑柱一端设置了弹簧，该弹簧用来平衡与阀芯行程位置成比例的电磁吸力。这样，通过电磁线圈中的电流大小就决定了阀的输出口开度，即输出流量的大小。

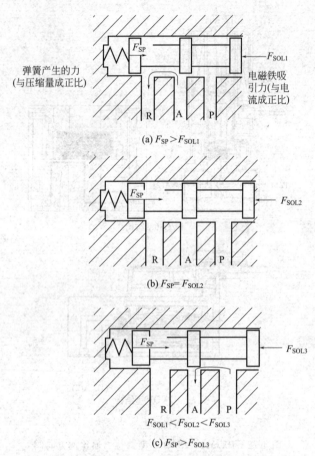

弹簧产生的力
(与压缩量成正比)

F_{SP}

F_{SOL1}

电磁铁吸
引力(与电
流成正比)

R　A　P

(a) $F_{SP} > F_{SOL1}$

F_{SP}

F_{SOL2}

R　A　P

(b) $F_{SP} = F_{SOL2}$

F_{SP}

F_{SOL3}

R　A　P

$F_{SOL1} < F_{SOL2} < F_{SOL3}$

(c) $F_{SP} > F_{SOL3}$

图 4-73　直动式比例流量控制阀的动作说明

在直动式比例流量控制阀的工作原理图中，用弹簧的力代替图 4-62 所示的比例压力控制阀的压力室的反馈力，弹簧作为相对于 F_{SOL} 的反向作用力，可以得到与 F_{SOL} 成比例的滑柱的位移。通过与滑柱的位移成比例的流通面积（有效截面积）控制流量，可得到与输入信号成比例的流量。

当作比例流量阀时，既可作二通阀，又可作三通阀。作二通阀时，排气口 R 堵死，作三通阀时，可控制排气口 R 的排气流量。

2.比例流量阀的结构举例

由图 4-74 所示的结构原理图可知，比例流量阀由直流比例电磁铁 1、阀芯 2、阀套 3、阀体 4、位移传感器 5 和比例控制放大器 6 等组成。位移传感器采用电感式原理，它的作用是将比例电磁铁的衔铁位移线性地转换为电压信号输出。控制放大器的主要作用是：

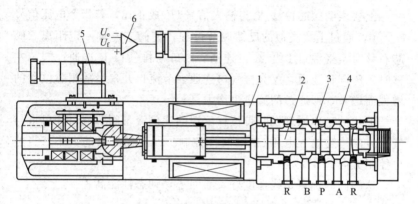

图 4-74　比例流量阀的结构

1—比例电磁铁；2—阀芯；3—阀套；4—阀体；5—位移传感器；6—比例控制放大器

① 将位移传感器的输出信号进行放大；

② 比较指令信号 U_e 和位移反馈信号 U_f，得到两者的差值 ΔU；

③ 将 ΔU 放大，转换为电流信号 I 输出。

此外，为了改善比例阀的性能，比例放大器还含有对反馈信号 U_f 和电压差 ΔU 的处理环节，比如状态反馈控制和 PID 调节等。

带位置反馈的滑阀式比例流量阀，其工作原理是：在初始状态，控制放大器的指令信号 $U_e=0$，阀芯处于零位，此时气源口 P 与 A、B 两端输出口同时被切断，A、B 两口与排气口也切断，无流量输出；同时位移传感器 5 的反馈电压 $U_f=0$。若阀芯受到某种干扰而偏离调定的零位时，位移传感器将输出一定的电压 U_f，控制放大器将得到的 $\Delta U=-U_f$，放大后输出给电流比例电磁铁，电磁铁产生的推力迫使阀芯回到零位。若指令 $U_e>0$，则电压差 ΔU

增大，使控制放大器的输出电流增大，比例电磁铁的输出推力也增大，推动阀芯右移。而阀芯的右移又引起反馈电压 U_f 的增大，直至 U_f 与指令电压 U_e 基本相等，阀芯达到力平衡。

此时：

$$U_e = U_f = K_f X$$

式中，K_f 为位移传感器增益，X 为阀芯位移量。

上式表明阀芯位移 X 与输入信号 U_e 成正比。若指令电压信号 $U_e < 0$，通过上式类似的反馈调节过程，使阀芯左移一定距离。阀芯右移时，气源口 P 与 A 口连通，B 口与排气口 R 连通；阀芯左移时，P 与 B 连通，A 与排气口连通。节流口开口量随阀芯位移的增大而增大，即通过的流量也增大。

上述的工作原理说明带位移反馈的比例流量阀节流口开口量与气流方向均受输入电压 U_e 的线性控制。既控制流量的大小，当然也控制方向。

这类阀的优点是线性度好，滞回小，动态性能高。

六、比例控制阀的用途举例

1. 研磨力的大小控制

图 4-75 为用比例压力控制阀控制研磨力的大小的示例，当输入不同大小的电流，比例压力控制阀从 A 口输出不同压力的压缩空气到执行元件（气缸），可控地产生向下大小不同的研磨力。

2. 点焊夹持力的大小控制

图 4-76 所示为每更改工件的厚度时，都变更点焊的夹持力的示例。另外，压力控制型也能控制流量。

3. 叶轮机转速控制系统

图 4-77 所示为：在比例压力控制阀的二次侧设置喷嘴（固定节流孔），并用压力控制喷出流量来控制涡轮机转速的系统。

4. 异种流体流量控制系统

图 4-78 所示为使用气动系统控制流量调节器的开口大小，通过压送可控制异种流体的输出流量大小。

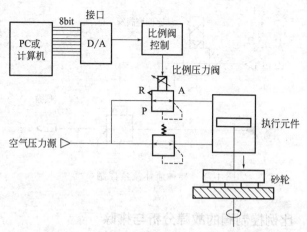

图 4-75　比例压力控制阀控制研磨力的系统

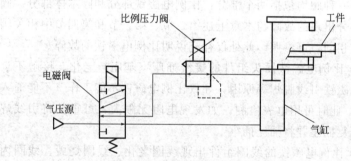

图 4-76　点焊夹持力的大小控制

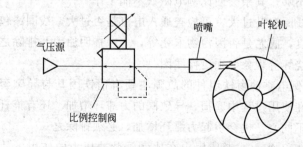

图 4-77　叶轮机转速控制系统

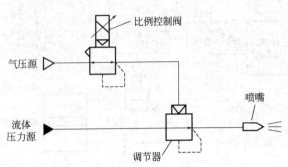

气压源

比例控制阀

喷嘴

流体
压力源

调节器

图 4-78　异种流体流量控制系统

七、比例控制阀的故障分析与排除

如前所述，比例阀包括比例压力阀、比例方向阀和比例流量阀，每一种阀均包括两个部分：比例电磁铁部分和阀本体部分。阀本体部分出现的故障与本章上述第二节、第三节和第四节中相关阀的内容相同，可参照。此处仅补充说明比例电磁铁的故障。

① 比例电磁铁插头组件的接线插座（基座）老化、接触不良以及电磁铁引线脱焊等原因，导致比例电磁铁不能工作（不能通入电流）。此时可用电表检测，如发现电阻无限大，可重新将引线焊牢，修复插座并将插座插牢。

② 比例电磁铁的线圈组件出现线圈老化、线圈烧毁、线圈内部断线以及线圈温升过大等现象。线圈温升过大会造成比例电磁铁的输出力不够，其余会使比例电磁铁不能工作。

对于线圈温升过大，可检查通入电流是否过大，线圈漆包线是否绝缘不良，阀芯是否因污物卡死等，一一查明原因并排除之。对于断线、烧坏等现象，须更换线圈。

③ 比例电磁铁衔铁组件的故障主要有衔铁因其与导磁套构成的摩擦副在使用过程中磨损，导致阀的力滞环增加。还有推杆、导杆与衔铁不同心，也会引起力滞环增加，必须排除之。

④ 焊接不牢，或者使用中在比例阀脉冲压力的作用下使导磁套的焊接处断裂，使比例电磁铁丧失功能，检查后排除之。

⑤ 比例电磁铁的导磁套在冲击压力下发生变形，以及导磁套与衔铁构成的摩擦副在使用过程中磨损，导致比例阀出现力滞环增加的现象。

⑥ 比例放大器有故障，导致比例电磁铁不工作。此时应检查放大器电路的各种元件情况，消除比例放大器电路故障。

⑦ 比例放大器和电磁铁之间的连线断开或放大器接线端子接线脱开，使比例电磁铁不工作。此时应更换断线，重新连接牢靠。

第五章

真空元件与系统

第一节 真空发生器及相关元件

一、真空发生器的工作原理

以前都是使用真空泵（叶片式、油循环式）产生真空，但装置庞大，还需真空阀控制。与之相比，近年来随着 FA（工厂自动化）的发展，开发了许多简便、小型的气动真空元件（真空发生器）来产生真空。

真空发生器是根据压缩空气的推进作用而产生真空的装置，其原理如图 5-1 所示。右侧的压缩空气经先收缩后扩张的拉瓦尔喷管从喷嘴喷出，变成高速喷流流过。根据伯努利方程，高速区为低压区，另外由于气体的黏性，高速射流卷吸走真空接收室 1 内的气体，使真空接收室 1 内形成很低的真空度，当在真空吸引口 3 接上真空吸盘时，利用压差吸走真空吸盘内的气体而形成真空压力，靠真空压力便可吸起吸吊物。

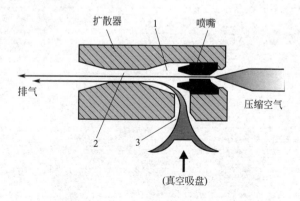

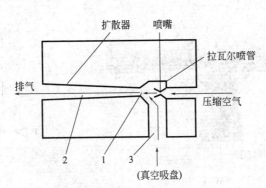

图 5-1　真空发生器的工作原理

1—真空接收室；2—混合扩散室；3—真空吸引口

根据喷嘴、扩散体的形状或尺寸差异等来决定可到达真空度、排气量、吸入量、空气消费量。

二、真空发生器的结构举例

图 5-2 所示为直通型真空发生器（由喷射器组成），它是由先收缩后扩张的拉瓦尔喷管 1、扩散管 2 和连接件 3 等构成。图中 SUP 为供气口、EXH 为排气口，VAC 为真空口（下同）。当供气口的供气压力高于一定值后，喷管射出超声速射流，按照伯努利方程，高速区为低压区，由于气体的黏性，高速射流从真空口 VAC 卷吸走扩散管负压腔内的气体，使该腔形成很低的真空度。在真空口处接上真空吸盘，靠真空压力便可吸起吸吊物。

图 5-3 所示为直管型真空发生器。

三、真空发生器的排气特性和流量特性

排气特性表示最大真空度、空气消耗量和最大吸入流量三者分别与供给压力之间的关系。最大真空度是指真空口被完全封闭时，真空口内的真空度。空气消耗量是通过供给喷管的流量（标准状态下）。

图 5-4 是真空发生器的流量特性曲线。流量特性表示真空发生器的真空压力与吸入流量的关系。吸入流量变化则真空压力也变化。一般是指真空发生器在标准使用压力下的关系曲线。图中

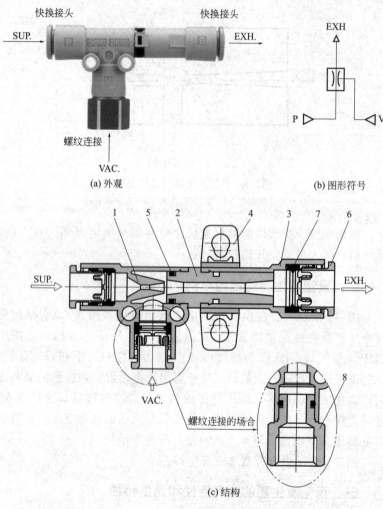

(a) 外观

(b) 图形符号

(c) 结构

图 5-2 ZU 系列直通型真空发生器

1—拉瓦尔喷管（喷射器）；2—扩散管；3—连接件；4—标准支架；
5—O 形圈；6—释放套；7—密封件；8—螺纹连接部；
EXH—排气口；VAC—真空口；SUP—空气供给口

p_{max} 为最高真空压力，Q_{max} 为最大吸入流量。结合真空压力的变化作如下说明：

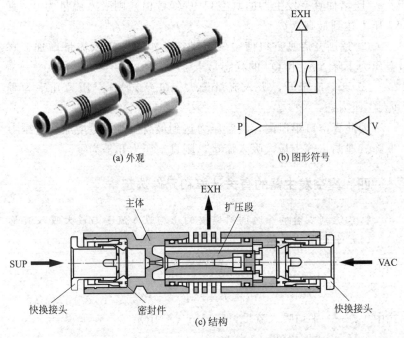

(a) 外观　　　　　　　(b) 图形符号

(c) 结构

图 5-3　ZU 系列直管型真空发生器

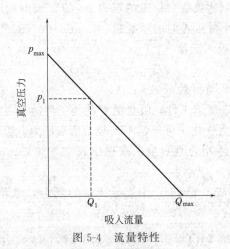

图 5-4　流量特性

① 堵住真空发生器的真空口（VAC 白）则吸入流量为 0，真空压力达到最高（$p_{\max}$）；

② 逐渐开启真空口使空气流动产生泄漏，吸入流量增加，真空压力下降（p_1 和 Q_1 的状态）；

③ 真空口全开，吸入流量最大（$Q_{\max}$），真空压力几乎为零（大气压力）。

因此真空口不泄漏，真空压力达到最高。泄漏量增加真空压力下降。泄漏量等于最大吸入流量，则真空压力几乎为零。

四、真空发生器的有关计算和元件选定

1. 求达到吸着响应时间所需要的平均吸入流量与最大吸入流量

（1）平均吸入流量

$$Q = \frac{V \times 60}{T_1} + Q_L \tag{5-1}$$

$$T_2 = 3T_1 \tag{5-2}$$

式中　Q——平均吸入流量，L/min（ANR）；

　　　V——配管容积，L；

　　　T_1——到达吸着后稳定的压力 p_v 的 63% 时的时间，s；

　　　T_2——到达吸着后稳定的压力 p_v 的 95% 时的时间，s；

　　　Q_L——工件吸着时的泄漏量，L/min（ANR）❶。

（2）最大吸入流量

$$Q_{\max} = (2 \sim 3)Q \tag{5-3}$$

2. 求工件吸着时的泄漏量

对于图 5-5 所示工件，吸盘吸着此类工件时会吸入大气，使吸盘内的真空压力变化，可能达不到吸着所需压力。吸着这样的工件时，要考虑工件处的泄漏量，来选定真空发生器、真空切换阀的尺寸。

（1）计算法　已知工件流导 C_L 的场合，求泄漏量的方法

---

❶　Q_L 在工件吸着时无泄漏的场合为 0；工件吸着时有泄漏的场合，可根据下述"2. 求工件吸着时的泄漏量"求得泄漏量。

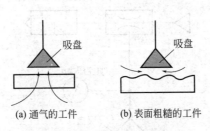

(a) 通气的工件　　(b) 表面粗糙的工件

图 5-5　工件吸着时的泄漏量

如下。

$$Q_L = 55.5 C_L \qquad (5-4)$$

式中　Q_L——泄漏量，L/min（ANR）；

C_L——工件和吸盘间隙或工件开口处的流导，$\mathrm{dm}^3/(\mathrm{s} \cdot \mathrm{bar})$。

$$流导\ C = \frac{Q_{\max}}{55.5}\left[\mathrm{dm}^3/(\mathrm{s} \cdot \mathrm{bar})\right]$$

（2）实验法　根据吸着实验求泄漏量的方法，如图 5-6 所示，准备真空发生器、吸盘、真空表，用真空发生器进行吸着。由真空表读出此时的真空压力 p_1，根据所用的真空发生器的流量特性表，查出吸入流量，此吸入流量即为工件的泄漏量。

例：供给压力 0.45MPa 时，用真空发生器吸着有泄漏的工件的场合，真空表压力为－53kPa，求工件的泄漏量。

解：根据 ZHO7DS 型真空发生器的流量特性表（参阅该产品的产品目录，得图 5-6(b)，按Ⓐ-Ⓑ-Ⓒ顺序，查出－53kPa 时的吸入流量为 5L/min（ANR）。即

泄漏量≈吸入流量≈5L/min（ANR）。

五、真空吸着系统所存在的问题和不适合实例

1. 真空吸着系统所存在的问题（故障分析对策）

真空吸着系统所存在的问题（故障分析对策）如表 5-1 所示。

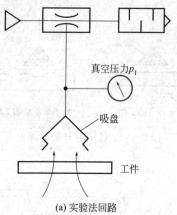

(a) 实验法回路

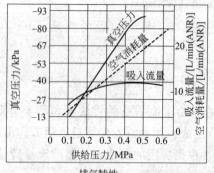

排气特性

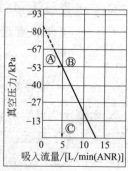

流量特性供给压力[0.45MPa]

(b) 实验后查表求泄漏量

图 5-6　根据吸着实验求泄漏量的方法

表 5-1　**真空吸着系统所存在的问题**（故障分析对策）

状态、改善内容	原因	对策
初期的吸着不良（试运转时）	吸着面积小（与工件的重量相比，吸吊力小）	再确认工件的重量与吸吊力的关系 • 使用吸着面积大的真空吸盘 • 增加真空吸盘的个数
	真空压力低（从吸着面泄漏）（有通气性的工件）	使吸着面无泄漏（减少） • 重新评估真空吸盘的形状 确认真空发生器的吸入流量与到达压力的关系 • 使用吸入流量大的真空发生器 • 增加吸着面积

续表

状态、改善内容	原因	对策
初期的吸着不良（试运转时）	真空压力低（从真空配管泄漏）	修理泄漏处
	真空回路的内容积大	确认真空回路的内容积和真空发生器吸入流量的关系 • 减小真空回路的内容积 • 使用吸入流量大的真空发生器
	真空配管的压力降大	重新评估真空配管 • 管子变短、变粗（适合管径）
	真空发生器的供给压力不足	测量真空发生状态时的供给压力 • 使用标准供给压力 • 重新评估压缩空气回路（管路）
	喷嘴、扩压段的孔眼阻塞（配管时的异物混入）	除去异物
	供给阀（切换阀）不动作	用万用表测量电磁阀的供给电压 • 重新检查电气回路、配线、插头 • 在额定电压范围内使用
	吸着时工件变形	由于工件薄、变形而泄漏 • 使用薄物吸着用吸盘
真空到达时间慢（响应时间的缩短）	真空回路的内容积大	确认真空回路的内容积和真空发生器吸入流量的关系 • 减小真空回路的内容积 • 使用吸入流量大的真空发生器
	真空配管的压力降大	重新评估真空配管 • 管子变短、变粗（适合管径）
	所需的真空压力过高	根据吸盘直径的最适化，将真空压力降至所需的最低限。由于真空发生器的真空压力越低，吸入量越多。让吸盘直径大 1 号，从而降低所需真空压力，增加吸入量
	真空压力开关的设定过高	调至适合的设定压力

状态、改善内容	原因	对策
真空压力的变动	供给压力的变动	重新评估压缩空气回路(气路)(追加气容等)
	真空发生器的特性上,在一定的条件下,真空压力会变动	一点一点地使供给压力上升或下降,在使真空压力不变动的供给压力范围内使用。
真空发生器的排气有异声(间歇声)	真空发生器的特性上,在一定的条件下,会发生间歇声	一点一点地使供给压力上升或下降,在使其不发生间歇声的供给压力范围内使用
集装型的真空发生器从真空口漏气	真空发生器的排出空气流入停止中的其他真空发生器的真空通口	使用带单向阀的真空发生器
平时的吸着不良(试运转时能吸着)	真空过滤器的孔眼阻塞	更换真空过滤器 改善设置环境
	吸声材料的孔眼阻塞	更换吸声材料 在供给(压缩)空气回路上追加安装过滤器 追加设置真空过滤器
	喷嘴、扩压段的阻塞	除去异物 在供给(压缩)空气回路上追加安装过滤器 追加设置真空过滤器
	真空吸盘(橡胶)的劣化、磨耗	更换真空吸盘 确认真空吸盘材质和工件的适合性
工件不能脱离	破坏流量不足	开启破坏流量调整针阀
	随着真空吸盘(橡胶)的磨耗,黏着性增加	更换真空吸盘 确认真空吸盘材质和工件的适合性
	真空压力过高	使真空压力在所需的最低限
	静电的影响	使用导电性吸盘

2. 真空吸着系统不适合实例

真空吸着系统不适合实例如表5-2所示。

表5-2　真空吸着系统不适合实例

问题	原因	对策
调试时没有问题,开始正式运行后吸着变不稳定	• 真空开关的设定不合适。由于供给压力不稳定,真空压力未达到设定值。 • 工件和真空吸盘间有泄漏。	① 工件吸着时,将真空元件的压力(真空发生器的场合,为供给压力)设定在所需的真空压力;且真空开关的设定压力,也设定在吸着所需的真空压力 ② 在调试时就已有泄漏,但还没到引起故障的水平。对真空发生器、真空吸盘形状、直径、吸着材质等要进行重新评估 对真空吸盘重新评估
更换吸盘后,吸着变得不稳定	• 初期的设定条件被变更(真空压力、真空开关的设定、吸盘的高度方向的位置等)。在使用环境下,吸盘上产生磨耗 • 失效等,需进行设定变更。 • 吸盘更换时,从螺纹连接部及吸盘与连接件的连接部产生泄漏。	① 对使用条件(真空压力、真空开关的设定压力、吸盘的高度方向设定位置等)要进行重新审核 ② 再次对连接部进行重新审核
相同工件用相同的吸盘吸着,有不能被吸着的地方	• 工件和真空吸盘间有泄漏 • 气动回路、气缸、电磁阀等与真空发生器的供给回路是同一系统,同时使用时供给压力降低(真空压力达不到) • 从螺纹连接部及吸盘与连接件的连接部产生泄漏	① 吸盘直径、形状、材质、真空发生器(吸入流量)等应重新评估 ② 对气动回路进行重新评估 ③ 再次对连接部进行重新评估
工件和吸盘不能脱离,风琴型吸盘存在橡胶的黏附现象	• 橡胶的一般特性有黏着性,依据使用环境和吸盘的磨耗等,黏着性会增大 • 使用所需以上的真空压力,在吸盘(橡胶)部会有由真空压力产生的按压力	① 对真空吸盘的形状、材质、数量等进行重新评估 ② 降低真空压力。对于真空压力下降,吸吊力不足,工件搬运时产生故障的场合,可增加吸盘数量、加大吸盘直径等

第二节　真空系统用相关元件

如图 5-7 所示，与真空发生器一起使用的相关元件有真空压力开关、气动用电磁阀（如供给阀与破坏阀）、过滤器等。

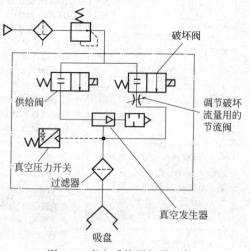

图 5-7　真空系统用相关元件

一、真空压力开关

真空压力开关是用于检测真空压力的开关。当真空压力未达到设定值时，开关处于断开状态。当真空压力达到设定值时，开关处于接通状态，发出电讯号指挥真空吸附机构动作。

（1）作用　当真空系统存在泄漏，吸盘破损或气源压力变动等原因而影响到真空压力大小时，装上真空压力开关便可保证真空系统安全可靠地工作。

（2）分类　真空压力开关的分类见图 5-8 所示。

首先可用通用型真空压力表（例如图 5-9 中 SMC 公司生产的GZ46 系列真空压力表）直接测量真空压力。此外可用真空压力开关检测。例如在由喷射器发生的真空通过吸盘吸附工件的回路中，可用真空压力开关输出的电信号来检测工件的吸附情况。

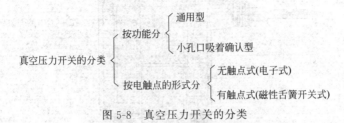

$$真空压力开关的分类 \begin{cases} 按功能分 \begin{cases} 通用型 \\ 小孔口吸着确认型 \end{cases} \\ 按电触点的形式分 \begin{cases} 无触点式(电子式) \\ 有触点式(磁性舌簧开关式) \end{cases} \end{cases}$$

图 5-8 真空压力开关的分类

GZ46   GZ46-2

图 5-9 真空压力表

二、气动用真空电磁阀

气动用真空电磁阀是用于控制提供给喷射器的气压，在需要真空时送去空气，从而使真空产生的电磁阀。

此处仅举出图 5-10 所示的 XSA 系列常闭型高真空电磁阀。

动作说明：通过给电磁线圈 1 通电，可动铁芯组件 5 吸附于固定铁芯 2 而上移（压缩弹簧 6，克服弹簧 6 的弹力上移），阀芯 10 也随之上移，打开阀芯 10，进口与出口相通；反之电磁线圈 1 断电，可动铁芯组件 5 因弹簧 6 的反力下移，阀芯 10 也随之下移，关闭进口与出口道。

三、过滤器

喷射器在产生真空时，会将大气的空气和尘埃一起吸进内部，使喷射器效率降低，为此需用设置过滤器，保护喷射器。

真空过滤器基本概念：真空过滤器是将从大气中吸入的污染物

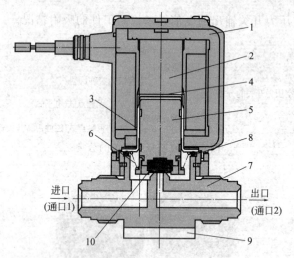

图 5-10　常闭型高真空电磁阀的结构原理

1—电磁线圈；2—固定铁芯；3—管；4—阀座（PET材质，杜绝残磁影响）；

5—可动铁芯组件；6—弹簧；7—主体；8—O形圈；9—垫片；10—阀芯

（主要是尘埃）收集起来，以防止真空系统中的元件受污染而出现故障。基本要求：滤芯污染程度的确认简单，清扫污染物容易，结构紧凑，不致使真空到达时间增长。

（1）真空用排气洁净器

真空用排气洁净器将排出的空气中的油雾等，利用油雾等的惯性碰撞、布朗运动扩散等，在滤芯表面和内部被捕捉，捕捉的油雾被凝聚变成液滴被运送至滤芯外周孔眼、粗糙的聚氨酯泡沫上，之后受重力下降从外壳内部分离。

如图 5-11 所示的 AMV 系列真空用排气洁净器，可捕捉从真空泵排出的 99.5％的油烟，实现无油烟的舒适的作业环境。

（2）真空用水滴分离器

图 5-12 所示为 AMJ 系列真空用水滴分离器。真空用水滴分离器的连接见图 5-13 所示。这种真空用水滴分离器采用除去水滴专用的滤芯 2，可除去 90％以上的水滴。因其底部带冷凝水阀，真空破坏后，手动也可排出冷凝水。即使滤芯水滴饱和，压力降（阻抗）也几乎不上升，滤芯也可快速更换。

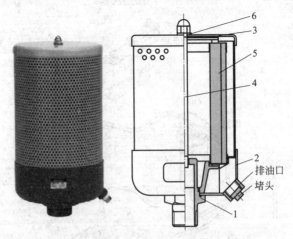

图 5-11 AMV 系列真空用排气洁净器

1—支座；2—外壳；3—盖；4—拉紧螺栓；5—滤芯；6—垫片

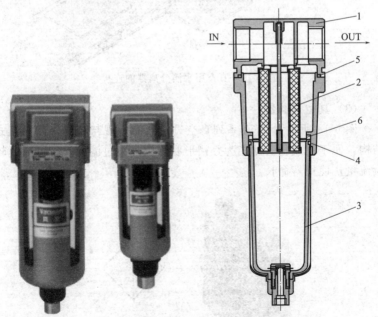

图 5-12 AMJ 系列真空用水滴分离器

1—主体；2—滤芯；3—杯组件；4,5—O 形圈；6—隔板

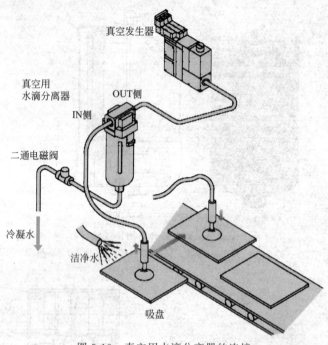

图 5-13 真空用水滴分离器的连接

（3）真空过滤器

图 5-14 所示为 ZFA 系列真空过滤器的外观与结构。其为箱式结构，便于集成化。滤芯为叠褶形状，以加大过滤面积，可通过较大流量，使用寿命长。

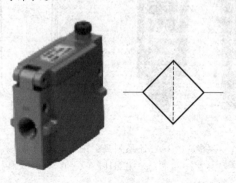

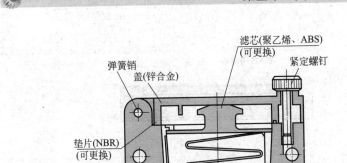

图 5-14　ZFA 系列真空过滤器

图 5-15 所示为 ZFC 型管式真空过滤器的结构。此产品为小型直通式（进出口在一条线上）管式真空过滤器，当过滤器两端压降大于 0.02MPa 时，滤芯应卸下清洗或更换。

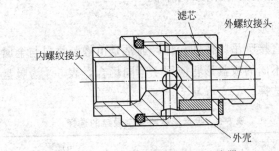

图 5-15　ZFC 型管式真空过滤器

第三节　真空吸板与真空吸盘

一、吸板

吸板的形状与应用回路见图 5-16 所示，用于吸附大的平面形工件。

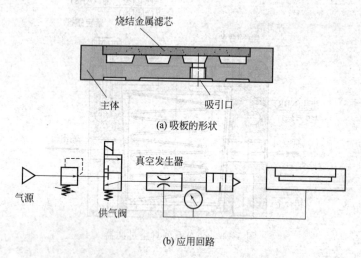

(a) 吸板的形状

(b) 应用回路

图 5-16 吸板的形状与应用回路

二、吸盘的形状和结构举例

1. 吸盘的形状举例

吸盘是直接吸吊物体的元件，通常是由橡胶材料与金属骨架压制成型的。不同的吸盘形状应用于不同场合，表 5-3 为吸盘形状与真空吸盘的选择。

表 5-3 吸盘形状与真空吸盘的选择

吸盘类型	用途
平型 吸盘	工件表面为平面，且不变形的场合
带肋平型 吸盘	工件易变形的场合

续表

吸盘类型	用途
深型 吸盘	工件表面形状是曲面的场合
风琴型 吸盘	没有空间安装缓冲的场合,工件吸着面倾斜的场合
椭圆型	吸着面小的工件,工件也长,想可靠定位的场合
摆动型	吸着面不是水平的工件
长行程缓冲型	工件的高度不确定的需缓冲的场合
大型	重型工件
导电型吸盘	抗静电、使用电阻率低的橡胶

2.吸盘的结构举例

吸盘的结构如图 5-17 所示。

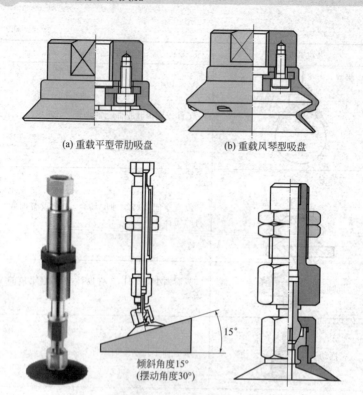

(a) 重载平型带肋吸盘　　　(b) 重载风琴型吸盘

15°

倾斜角度15°
(摆动角度30°)

(c) 吸着面是斜面的场合也可吸着的吸盘

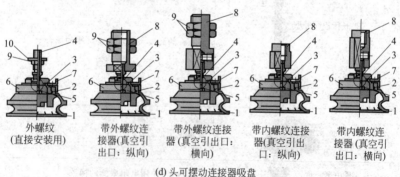

外螺纹
(直接安装用)

带外螺纹连
接器(真空引
出口：纵向)

带外螺纹连接
器(真空引出口：
横向)

带内螺纹连接
器(真空引出
口：纵向)

带内螺纹连
接器(真空引
出口：横向)

(d) 头可摆动连接器吸盘

图 5-17　吸盘的结构

1—真空吸盘；2—板；3—O形圈；4—轴；5—轴头托环；

6—保持座；7—限位块；8—连接器；9—螺母；10—密封垫圈

三、真空发生器组成的真空吸盘回路举例

1.真空吸盘回路例1

如图 5-18 所示，由"供气阀（二通阀）＋真空过滤器"组成，回路中二通阀用于控制真空的产生和停止，利用接通大气破坏真空，为了保护真空发生器而配备真空过滤器。

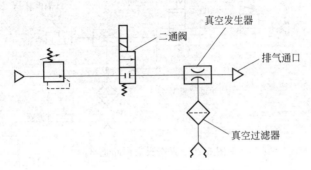

图 5-18　真空吸盘回路例1

2.真空吸盘回路例2

如图 5-19 所示，由"供气阀（三通阀）＋可调节流阀＋真空过滤器"组成，三通阀用于控制真空的产生和停止（同时破坏真空）。为了调节破坏流量而配备可调式节流阀。配备真空过滤器，以保证真空发生器的使用寿命。

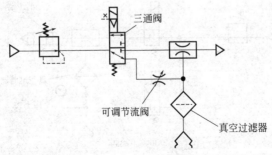

图 5-19　真空吸盘回路例2

3.真空吸盘回路例 3

如图 5-20 所示，由"供气阀（三通阀）＋可调节流阀＋真空过滤器＋消声器"组成，变更例 2 中的配管方式，可以将真空产生作为初始状态，来进行断电保护。配备可调式节流阀调节破坏流量。真空过滤器保护真空发生器。在排气口配备消声器（降低排气噪声）。

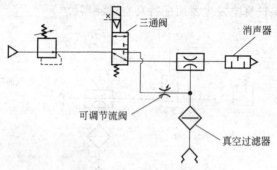

图 5-20　真空吸盘回路例 3

4.真空吸盘回路例 4

如图 5-21 所示，由"气阀（二通阀）＋破坏阀（二通阀）＋可调节流阀＋消声器＋真空过滤器＋压力表"组成，通过供气阀、破坏阀控制真空产生、真空破坏。为了能够观察吸附时的真空压力设置压力表，在使抽吸上来的尘埃不会顺着破坏空气逆向流入真空发生器的位置设置真空过滤器。使用三通阀的场合，请将破坏阀的 R 通口堵塞。

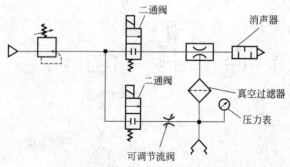

图 5-21　真空吸盘回路例 4

5.真空吸盘回路例5

如图 5-22 所示，由"供气/破坏阀（三位五通阀）+可调节流阀"组成。中封式三位五通阀控制真空产生和真空破坏。在真空通口设置单向阀防止供气阀 OFF 时真空压力降低；在真空回路中配备真空压力开关检测真空压力；在使破坏空气中的尘埃不会逆向流入真空发生器的位置配备真空过滤器。

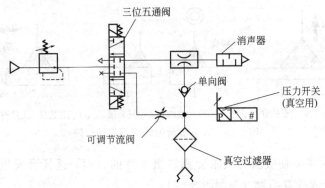

图 5-22　真空吸盘回路例 5

注意：使用不同的单向阀时，可能会发生真空泄漏。此外，如果工件具有通气性，那么真空压力会很快降低。事前请充分验证。

四、真空吸盘的故障分析与排除

真空吸盘的故障主要是产生吸着不牢靠的故障，其故障原因有（参阅图 5-23）：

① 为保证足够的夹持力必须有足够的吸着面积，吸着面积不够时，会产生吸着不牢靠的故障。理论吸吊力由真空压力以及真空吸盘的吸着面积决定。

② 真空吸盘中的橡胶件劣化，会产生吸着不牢靠的故障。

③ 没有考虑工件的重心位置，会产生吸着不牢靠的故障。吸着时一定要考虑好工件的重心位置，使真空吸盘受到的力矩最小。

④ 上方吸吊的场合不光要考虑工件的重量，还应考虑加速度、风压、冲击等，参照图 5-23(a)，如果考虑欠周，会产生吸着不牢

靠的故障。

⑤ 由于吸盘的抗力矩性很弱，因此安装时请不要让工件受到力矩作用，参照图 5-23(b)，否则会产生吸着不牢靠的故障。

⑥ 进行水平吸吊作业的场合，横向移动时，会由加速度以及吸盘与工件间的摩擦系数的大小使工件产生偏移，故要控制平移加速度，参照图 5-23(c)。

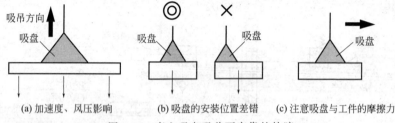

(a) 加速度、风压影响　　(b) 吸盘的安装位置差错　(c) 注意吸盘与工件的摩擦力

图 5-23　真空吸盘吸着不牢靠的故障

⑦ 不要使吸盘的吸附面积超出工件的表面，这样会发生真空泄漏造成吸着不稳（参照图 5-24）。

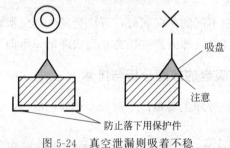

图 5-24　真空泄漏则吸着不稳

⑧ 面积大的板材使用多个吸盘进行搬送的场合，要合理布置吸盘位置增强吸吊平稳性。特别是四周边缘部位，确认好位置后进行配管（参照图 5-25），如果考虑欠周，会产生吸着不牢靠的故障。

⑨ 吸盘原则上应水平安装，尽量避免倾斜以及垂直安装。不得已的情况下，使用保护件以确保安全。最好从根本上避免垂直安装的使用方法（参照图 5-26）。

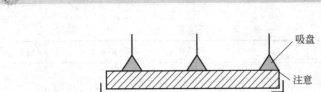

图 5-25　吸盘正确位置的布置

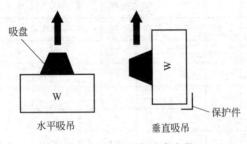

图 5-26　尽力避免垂直安装

⑩ 工件有透气性的场合或工件表面粗糙时容易吸入空气，会使真空压力下降，必须考虑此种情况。此类场合需根据进行的吸着测试来确定吸吊力。

⑪ 为确保吸盘的吸吊力，可根据下面的计算式计算吸盘的吸吊力：

$$W = pS \times 0.1 \times \frac{1}{t} \tag{5-5}$$

式中　W——吸吊力，N；

　　　p——真空压力，kPa；

　　　S——吸盘面积，cm^2；

　　　t——安全率（水平吊起：4 以上；垂直吊起：8 以上）。

根据理论吸吊力表求出理论吸吊力，根据吸盘直径真空压力算出不含安全率的理论吸吊力，再用理论吸吊力除以安全率 t，可得出吸吊力：吸吊力＝理论吸吊力÷t。

理论吸吊力表（理论吸吊力＝$pS \times 0.1$）见表 5-4。

表 5-4　理论吸吊力表　　　　　　　　　　单位：N

吸盘尺寸/mm	$\phi1.5$	$\phi2$	$\phi3.5$	$\phi4$	$\phi6$	$\phi8$	$\phi10$	$\phi13$	$\phi16$
S吸盘尺寸的面积/cm²	0.02	0.03	0.10	0.13	0.28	0.50	0.79	1.33	2.01
真空压力　−85kPa	0.15	0.27	0.82	1.07	2.4	4.2	6.6	11.3	17.1
−80kPa	0.14	0.25	0.77	1.00	2.2	4.0	6.2	10.6	16.1
−75kPa	0.13	0.24	0.72	0.94	2.1	3.7	5.8	10.0	15.1
−70kPa	0.12	0.22	0.67	0.88	1.9	3.5	5.5	9.3	14.1
−65kPa	0.11	0.20	0.63	0.82	1.8	3.2	5.1	8.6	13.1
−60kPa	0.11	0.19	0.58	0.75	1.7	3.0	4.7	8.0	12.1
−55kPa	0.10	0.17	0.53	0.69	1.5	2.7	4.3	7.3	11.1
−50kPa	0.09	0.16	0.48	0.63	1.4	2.5	3.9	6.7	10.0
−45kPa	0.08	0.14	0.43	0.57	1.2	2.2	3.5	6.0	9.0
−40kPa	0.07	0.13	0.38	0.50	1.1	2.0	3.1	5.3	8.0

五、真空吸盘的材质

在对工件的形状、使用环境中的适合性、吸着痕迹的影响、导电性等各方面进行考虑的基础上，确定真空吸盘的材质。参考各种材质的搬运工件，确认橡胶的特性（适合性）后再选择。

1.搬运工件的各种材质

搬运工件的各种材质如表 5-5 所示。

表 5-5　搬运工件的各种材质举例

材质	用途
NBR	瓦楞纸板、胶合板、铁板以及其他一般性的工件
硅橡胶	半导体、模具成品的取出、薄型工件、食品相关
聚氨酯橡胶	瓦楞纸板、铁板、胶合板
FKM	化学性的工件
导电性 NBR	半导体的一般工件（静电对策）
导电性硅胶橡胶	半导体（静电对策）

2.各种橡胶材质与特性

各种橡胶材质与特性如表 5-6 所示。

表 5-6　各种橡胶材质与特性

一般名称		NBR（丁腈橡胶）	硅橡胶	聚氨酯橡胶	FKM（氟橡胶）	导电性NBR（丁腈橡胶）	导电性硅橡胶
主要特点		耐油性、耐磨耗性、耐老化性出色	耐热性与耐寒性突出	机械强度优秀	具有最好的耐热性与化学性	耐油性、耐磨耗性、耐老化性出色 具有导电性	具有较高的耐热与耐寒性 具有导电性
纯橡胶的性质（密度）/（g/cm³）		1.00～1.20	0.95～0.98	1.00～1.30	1.80～1.82	1.00～1.20	0.95～0.98
配合橡胶的物理性质	回弹性	○	◎	◎	△	○	◎
	耐磨耗性	◎	×～△	◎	○	◎	×～△
	撕裂阻抗	○	×～△	◎	○	○	×～△
	耐弯曲龟裂性	◎	×～○	○	○	◎	○
	最高使用温度/℃	120	200	60	250	100	200
	最低使用温度/℃	0	−30	0	0	0	−10
	体积固有阻抗/Ωcm	—	—	—	—	10^4 以下	10^4 以下
	热老化性	○	◎	△	◎	○	◎
	耐候性	○	◎	○	◎	○	◎
	耐臭氧性	△	◎	○	◎	△	◎
	耐气体透过性	○	×～△	×～△	×～△	○	×～△
耐溶剂性 耐油性	汽油·轻油	◎	×～△	◎	◎	◎	×～△
	苯·甲苯	×～△	×	×～△	○	×～△	×
	乙醇	◎	◎	△	△～○	◎	◎
	乙醚	×～△	×～△	×	×～△	×～△	×～△
	酮（MEK）	×	○	×	×	×	○
	醋酸乙基	×～△	△	×～△	×	×～△	△

续表

一般名称		NBR（丁腈橡胶）	硅橡胶	聚氨酯橡胶	FKM（氟橡胶）	导电性NBR（丁腈橡胶）	导电性硅橡胶
耐碱性	水	◎	○	△	◎	◎	○
	有机酸	×～△	○	×	△～○	×～△	○
耐酸	高浓度有机酸	△～○	△	×	◎	△～○	△
	低浓度有机酸	○	○	△	◎	○	○
	强碱	○	◎	×	○	○	◎
	弱碱	○	◎	×	○	○	◎

注：◎＝优：完全或几乎没有影响。
○＝良：有若干影响，根据条件可充分使用。
△＝可：尽量不要使用。
×＝不可：有强烈的影响，不适合使用。

第六章

辅助元件

第一节 空气处理元件——过滤器

第二章中已经在空压机输出的压缩空气的处理中谈到过过滤器，下面对系统中所使用的过滤器，做进一步的说明。

一、过滤器的滤芯

过滤器最重要的是滤芯，滤芯按网眼的大小来分类，范围 $0.01\sim50\mu m$。而一般常用的是网眼在 $0.01\sim5\mu m$ 之间的滤芯。

用于分离冷凝水的过滤器中，网眼为 $5\mu m$ 的较多，种类有毛毡、滤纸、金属滤芯等。其中金属滤芯清洗后可以重新使用。

对于油分、炭、焦油等油雾，由于其粒子在 $3\mu m$ 以下，因此用普通的滤芯无法进行过滤。此时需要使用 $0.01\sim3\mu m$ 的滤芯。不过这些滤芯无法重复使用。

1.过滤器的滤芯材质与过滤方式

过滤器的滤芯材质如表 6-1 所示，过滤器滤芯的种类如表 6-2 所示。

表 6-1 过滤器的滤芯材质

滤芯	过滤方式	网眼
毛毡、滤纸	 (外部过滤+内部过滤方式)	网眼小($5\mu m$)
金属滤芯	 (内部过滤方式)	网眼小~中

续表

滤芯	过滤方式	网眼
钢丝网	（外部过滤方式）	网眼大（未产品化）

表 6-2　过滤器滤芯的种类

品名	过滤度	功能
标准型空气过滤器	$5\mu m$	用于普通的空气配管中,清除配管中的异物及冷凝水
纺织物吸收滤芯（X 滤芯）	$3\mu m$	清除油分
亚微型空气过滤器（Y 滤芯）	$0.3\mu m$	清除压缩空气中的炭、焦油
精密过滤器（常规）	—	清除压缩空气中的油分
精密过滤器（定制）	—	清除压缩空气中的异味

2.过滤器滤芯的过滤原理

过滤器滤芯的过滤原理如图 6-1 所示。

① 直接拦截：当杂质粒子比过滤纤维大时被直接拦截。

② 惯性的碰撞拦截：当带油雾的气流撞向纤维时，空气绕过纤维，而油雾粒子被纤维黏着。

③ 布朗运动拦截：带油雾的压缩空气通过滤芯时会产生布朗运动，且油雾粒子越小，布朗运动越剧烈，越容易被纤维黏着。

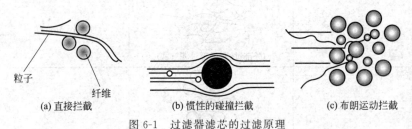

(a) 直接拦截　　　　(b) 惯性的碰撞拦截　　　　(c) 布朗运动拦截

图 6-1　过滤器滤芯的过滤原理

二、过滤器的过滤方式与简体防护

1.过滤器的过滤方式

过滤器的过滤方式有图 6-2 的几种类型。

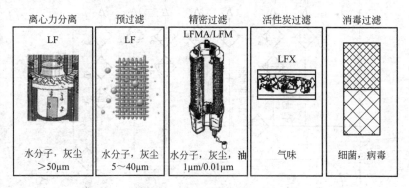

离心力分离	预过滤	精密过滤	活性炭过滤	消毒过滤
LF	LF	LFMA/LFM	LFX	
水分子，灰尘 >50μm	水分子，灰尘 5～40μm	水分子，灰尘，油 1μm/0.01μm	气味	细菌，病毒

图 6-2　过滤器的过滤方式

2.过滤器的简体（外壳）及简体防护

简体（外壳）由透明的聚碳酸酯构成，由于会受部分化学药品的侵蚀而带有保护外壳（简体防护）。这是考虑到万一简体发生破损时也不会飞溅出，从而对人体造成伤害。但是，在某些特殊环境下使用时，必须选用尼龙或金属制的简体。

三、过滤器的过滤层次安排

如第二章所述，从压缩机输出的压缩空气，通过后续的冷却、过滤和干燥装置，可除去从压缩机输出的压缩空气中大部分冷凝水和污物。但是对于在管道下游的不同用途的设备，对空气质量的要求各异，所以对空压机来的气源还需进一步净化，因此所配置的净化处理装置也应随之不同。图 6-3 所示不同用途的设备，需要不同层次的清洁空气，所以根据不同使用工况应设置不同层次的过滤器，对从压缩机输出的压缩空气做进一步处理，才能满足不同用途的设备对压缩空气不同清洁度的要求。

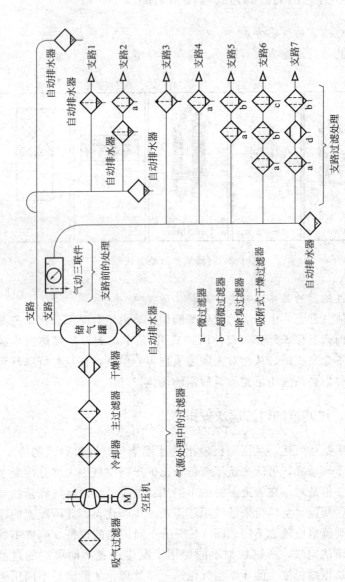

图 6-3　过滤器的过滤层次安排

如图 6-3 所示：

在支路 1 中，仅安装装有自动排水器去除冷凝水，不可避免地会有微量灰尘和水分，并有油分存在，可用在一般工业用气动夹具、气动工具、气枪吹气等设备；

在支路 2 中，安装了自动排水器与微过滤器 a，水分未彻底除净，但去除了水滴、灰尘和油，空气有较高的清洁度，一般工业机械可用；

在支路 3 中，仅安装空气过滤器，压缩空气中还有灰尘和油分，但不含水汽，适用于系统终端温度急骤下降的配管设备；

在支路 4 中，安装了油雾分离器（微过滤器），压缩空气中不含灰尘、水汽和油，适用于测试设备、高级喷涂设备、冷却设备、一般干燥设备；

在支路 5 中，安装了改善空气品质的一个微过滤器 a 和一个超微过滤器 b，压缩空气中，几乎所有灰尘、水汽和油都被除去，用于气动测试仪器、干燥和清理设备；

在支路 6 中，除了安装一个微过滤器 a 和一个超微过滤器 b 外，还增加了一除臭过滤器 c，去除了压缩空气中所有的气味及水汽、灰尘、油，近乎干、纯、净，用于制药、食品工业包装、输送机、啤酒制造、灌装工业设备，洁净室；

支路 7 中，除了安装一个微过滤器 a 和一个超微过滤器 b 外，还增加了一吸附式空气干燥过滤器 d，低露点，压缩空气中不含灰尘、水分和油，能达到更低的露点干燥过滤程度，排除了冷凝水存在的危险，可用于干燥电子元件、医药、产品储存、粉末输送系统、船舶测试设备。

四、各种空气过滤器的结构原理

1.分水过滤器

分水过滤器（分水滤气器）的结构原理如图 6-4 所示。

当压缩空气从过滤器的进口流入后，作用在导流板（旋风叶轮）6 上，导流板上开有螺旋槽，压缩空气进入槽内，使其做旋转运动。在导流板旋转离心力的作用下分离出较大的水滴和杂质，被

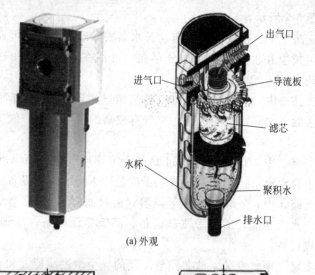

(a) 外观

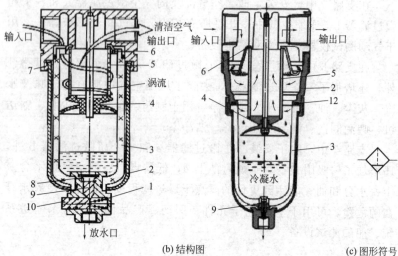

(b) 结构图　　　　　　　(c) 图形符号

图 6-4　分水过滤器结构图

1—复位弹簧；2—保护罩；3—滤水杯；4—挡水板；5—滤芯；6—导流板；

7—卡圈；8—锥形弹簧；9—放水阀阀芯；10—手动放水按钮

分离出的水滴和异物被甩到滤水杯 3 的内壁上，下落留在滤杯的底部沉积起来。然后，滤芯过滤导流板（旋风叶轮）6 不能分离的 5μm 以上的异物，压缩空气流过滤芯 5，进而过滤掉微小的异物后，将洁净的空气送到输出口排出。

挡水板 4 的作用是防止被旋风叶轮分离出的冷凝水回吸。同时，被分离出的水滴和杂质等由安装在滤杯下部的旋塞式、推进式手动排水阀或自动排水阀排放到外部。

定期人工打开手动放水按钮 10，放掉积存的油、水和杂质。当人工放水时应观察存水杯中的积水不得超过挡水板，否则水分仍将被气流带出，失去了分水过滤器的作用。还应定期清洗或更换滤芯。

2. 微过滤器

微过滤器只起过滤作用，所以没有导流板。空气从输入口进入到过滤器滤芯的内侧中央，随后向外通过滤芯过滤后至输出口排出。

微过滤器的滤芯如图 6-5 所示，两层不锈钢滤网之间夹有过滤精度达 $0.3\mu m$ 的纤维纸，过滤精度高，杂质被拦在精密过滤芯内。油蒸气和水雾变成液体，凝聚在过滤材料里，在滤芯内形成小滴，再收集到杯子的底部。

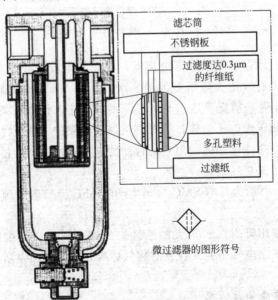

图 6-5　微过滤器

3. 超微过滤器

图 6-6 所示为日本 SMC 公司生产的 AME 型超微过滤器结构原理图。

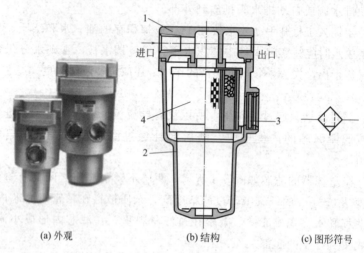

(a) 外观　　　　　　　　(b) 结构　　　　　　　(c) 图形符号

图 6-6　AME 型超微过滤器
1—盖；2—外壳；3—观察孔；4—滤芯组件

超微过滤器（超微油雾分离器）的滤芯由玻璃纤维和 NBR 材料组成，能有效地去除所有的油、水和小到 $0.01\mu m$ 的微小颗粒，对 $0.01\mu m$ 颗粒捕捉率达 95%，给那些气动精密仪表设备，静电喷涂、清洁和干燥电子组件，等等提供最大的保护。超微过滤器的结构原理与微过滤器相同，但它的过滤滤芯有额外的高效过滤层。

4. 扫菌除菌过滤器

图 6-7 所示为日本 SMC 公司生产的 SFC 型扫菌除菌过滤器结构原理图。

滤芯使用吸附面积很大的活性炭纤维，利用炭纤维的吸附作用，除去压缩空气中的气味及有害气体等，获得洁净室所要求的压缩空气。

5. 精密除油过滤器

如图 6-8 所示为日本 CKD 公司生产的 1219 系列精密除油过滤

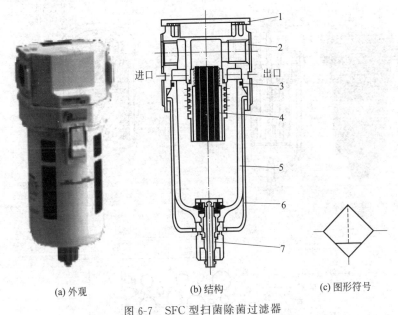

(a) 外观　　　　　(b) 结构　　　　　(c) 图形符号

图 6-7　SFC 型扫菌除菌过滤器

1—盖板；2—盖；3—O 形圈；4—活性炭纤维滤芯；5—杯；6—罩壳；7—排水组合件

器外观与结构图。压缩空气从进口流入滤芯内侧，再流向外侧。进入纤维层的油粒子，依靠其运动惯性被拦截并相互碰撞或粒子与多层纤维碰撞，被纤维吸附；更小的粒子因布朗运动被纤维吸附。越往外粒子逐渐增大而成为液态，凝聚在特殊的泡沫塑料层表面，在重力作用下流落至杯子底部再被排出，从而消除压缩空气中的油分，可过滤 $0.01 \sim 0.8 \mu m$ 的粒子。SMC 公司的 AFM 型油雾分离器结构与此相同。

如图 6-8（d）所示，微纤维层使用了硅酸盐纤维（玻璃纤维）。微纤维层的无规则的无数的微细纤维群进行直接冲突、惯性冲突、接触黏附、扩散（布朗运动）、通过扩散的凝固，捕获油浮游颗粒，并使其小滴化。表壳的外侧的塑料泡沫层，是防止微纤维层内捕获的油粒子凝结成的大液滴，通过气流再飞散出去。而且，同时还起着在此塑料泡沫层的内部使液滴因重力沉降的作用。

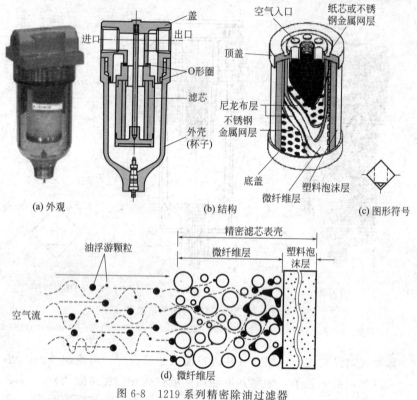

(a) 外观   (b) 结构   (c) 图形符号

(d) 微纤维层

图 6-8　1219 系列精密除油过滤器

6. 凝聚式过滤器

凝聚式过滤器除采用图 6-9
所示玻璃纤维或者聚丙烯纤维和
泡沫塑料组成的多孔凝聚式滤芯
外，外观与其总体结构与上述相
同。进入纤维层的空气悬浮物，
由于惯性相互碰撞或粒子与纤维
碰撞，被纤维吸附。更小的粒子
因气体分子无规则的热运动（布
朗运动）而引起相互碰撞，这样
一来，粒子便逐渐变大而进入泡

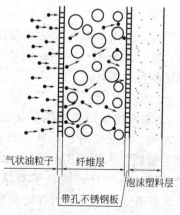

图 6-9　凝聚式过滤器滤芯结构

沫塑料层，在重力作用下沉淀在杯子底部，继而被清除。

五、各种过滤器的特点

各种过滤器的特点如表 6-3 所示。

表 6-3　各种过滤器的特点

系列	型号	过滤精度/除水率	滤芯材质	滤芯寿命	功用
油雾分离器	AM	$0.3\mu m$ 95%捕捉颗粒	玻璃纤维/NBR	2 年或压降达到 0.1MPa	主要除去油雾，以及 $0.3\mu m$ 以上的锈末、炭粒等固态粒子。适合于驱动先导式和间隙密封的电磁阀二次侧清洁度：最大 $1mg/m^3 \approx 0.8ppm$
微雾分离器	AMD	$0.01\mu m$ 95%捕捉颗粒	玻璃纤维/NBR	2 年或压降达到 0.1MPa	分离掉压缩空气中悬浮态的油粒子，以及 $0.01\mu m$ 以上的炭粉和灰尘，可作为洁净室用压缩空气的前置过滤器使用二次侧清洁度：最大 $0.1mg/m^3 \approx 0.008ppm$
超微油雾分离器	AME	$0.01\mu m$ 95%捕捉颗粒	玻璃纤维/NBR	2 年或压降达到 0.1MPa	分离掉压缩空气中悬浮态的油粒子，压缩空气成无油状态。适用于高洁精度空气的喷涂线，洁净室用 二次侧清洁度：> $0.3\mu m$ 颗粒在 3.5 个/L 以下
除臭过滤器	AMF	$0.01\mu m$ 95%捕捉颗粒	活性炭纤维	2 年或压降达到 0.1MPa	除去气味 二次侧清洁度：> $0.3\mu m$ 颗粒在 3.5 个/L 以下
带前置过滤器的微雾分离器	AMH	$0.01\mu m$ 95%捕捉颗粒	玻璃纤维/NBR	2 年或压降达到 0.1MPa	是 AM 与 AMD 的一体型 二次侧清洁度：最大 $0.1mg/m^3 \approx 0.008ppm$

六、过滤器的故障原因和对策

【故障1】流量少

① 滤芯筛眼堵塞时，可更换、清洗滤芯。

② 过滤器规格选小了：使用的空气流量大时，更换为较大规格的产品。

【故障2】看不见滤杯内部

冷凝水、杂质附着遮住视窗时可清洗滤杯。

【故障3】冷凝水、杂质堆积，超出标准以上

① 对手动型：如未定期排水则出现这一故障，可定期手动排出冷凝水。

② 对机械型：如阀座部位楔入杂质则出现这一故障，可去除杂质并进行消洗。

【故障4】排水口漏气

① 密封件的密封不良：更换密封件。

② 排水阀发生故障：拆卸、清扫或修理，排水口堆积杂质时须清洗排水口。

【故障5】滤杯破损

滤杯中因含有有机溶剂破坏滤杯时，可将滤杯更换为金属滤杯或尼龙滤杯。

【故障6】合成树脂制外壳产生裂纹、破损

① 在有机溶剂的环境中使用：在有机溶剂的环境中应使用金属外壳。

② 空压机润滑油中的特殊添加剂的影响：更换别的空压机润滑油。

③ 空压机吸入的空气中，含有对树脂有害的物质：更换别的空压机润滑油。

④ 用有机溶剂清洗外壳：清洗时使用中性洗涤剂。

【故障7】压力降增大

① 过滤器中滤芯元件阻塞：洗净元件或更换。

② 通过过滤器的流量增大，超过允许范围：使流量降到适当

范围内或用大容量的过滤器替换。

七、空气过滤器拆卸—组装—检查

以图 6-10 所示的 F3000 型空气过滤器为例，说明对空气过滤器进行"拆卸—组装—检查"的方法。

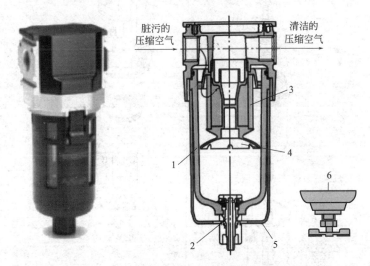

脏污的压缩空气　清洁的压缩空气

图 6-10　F3000 型空气过滤器

1—滤杯；2—排水阀阀芯；3—滤芯；4—旋风叶轮挡板；
5—防护罩（有底座旋塞式的）；6—手动排水阀

1. 拆卸

参考图 6-11 所示的 F3000 型空气过滤器的立体分解图（爆炸图）。

① 先确认过滤器中气压是否已排出。

② 用手指按下滤杯护罩 12 的锁卡，使其旋转，就可以卸下滤杯组件 9。

③ 旋松旋风叶轮 5，就可以卸下滤芯 4。

2. 组装

① 洗干净各个零件：滤杯组件 9 须用家用中性清洗剂清洗，其他零件使用家用中性清洗剂或煤油清洗。

② 洗干净后，按与拆卸相反的顺序小心组装。

③ 请在各密封圈上涂敷高级锂皂基润滑脂。

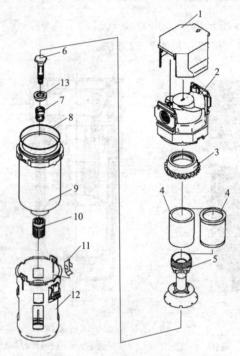

图 6-11 F3000 型空气过滤器的立体分解图（爆炸图）

1—罩；2—盖；3—导流板；4—滤芯；5—旋风叶轮；6—排水阀阀芯；7—排水阀阀套；
8—O 形密封圈；9—滤杯组件；10—堵头；11—锁卡；12—滤杯护罩；13—垫圈

3. 检查

过滤器检查时，主要是日常检查。检查时缓慢加压，确认是否有泄漏。日常检查要点如表 6-4 所示。

表 6-4 日常检查要点

部位	序号	检查项目	检查方法和判定标准
过滤器	1	检查是否有排放物堆积	清洗过滤器时,检查是否有排放物堆积在过滤套内

续表

部位	序号	检查项目	检查方法和判定标准
过滤器	2	检查过滤套是否损坏和内部是否有污渍	清洗过滤器时,检查过滤套是否损坏和内部是否有污渍
	3	检查变流装置	取下过滤套,目视检查变流器是否破裂、有裂缝或损坏
	4	检查滤芯	取下滤芯,检查是否有污垢和堵塞
	5	检查隔板	移开过滤套,取下隔板,检查是否有污垢、裂缝或变形
	6	检查过滤器的安装角度	采用测量仪器检查过滤器是否垂直安装
	7	检查气管安装部位是否漏气	用肥皂水检查气管接头是否漏气

第二节　排水器

自动排水器在整个空气洁净管路系统中,担当将液态水从管路中排掉的角色。不论在储气罐、冷却器、主路过滤器、冷冻式干燥机或是油雾分离器,都能找到排水器。

一、排水器的类型

1.带手动操作的浮子式自动排水器

如图 6-12 所示为 AD、ADH 系列浮子式自动排水器结构原理图。在浮子式自动排水器中,浮子 3 由喷管管子 2 导向做上下运动,且喷管管子 2 内部通过烧结铜过滤器 4,溢流阀 8,弹簧 6 压着的活塞 9 和沿着手动操作杆 7 的孔连接到大气,凝结物(水)在水杯的底部聚集。当水位上升到足以使浮子 3 从浮子座上移开时,杯中的压缩空气压缩弹簧 6,使活塞 9 向右移动到右边位置,打开排水阀座 5 放水,浮子 3 下降,因浮子 3 下降而切断作用在活塞 9 左端面上的输入空气而弹簧 6 使其左移,又关闭排水阀座 5。溢流阀 8 在浮子关闭喷嘴时限制滞于活塞的压力,当这一空气通过溢流阀起作用的泄漏口泄漏时，设定的值保证了恒定的活塞复位时间。

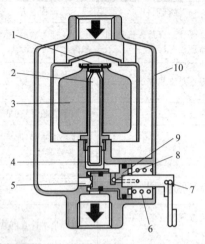

图 6-12 AD600 型浮子式自动排水器（带手动）结构原理图

1—喷嘴盖板；2—喷管管子；3—浮子；4—烧结铜过滤器；5—排水阀座；
6—弹簧；7—操作杆；8—溢流阀；9—活塞；10—壳体

带手动操作的浮子式自动排水器结构原理如下。

当壳体 10 内无气压时，弹簧 6 使活塞 9 复左位，排水口被关闭。若需排水，可用手拉动操作杆 7，克服弹簧力使活塞 9 右移，便可手动排放冷凝水。

当壳体 10 内有气压时，作用在活塞 9 小头端面上的气体压力不足以克服弹簧力，也不排水。随着水位的不断升高，浮子 3 的浮力大于浮子重量和作用在喷嘴的盖板 1 上的气体压力之和时，喷嘴开启。这时，气压也进入活塞大头的左端面上，活塞大头的左端面也受气体压力的作用，则作用于活塞 9 上的气体压力大于弹簧 6 的弹簧力，使活塞 9 右移而排水。

排水至一定量，浮子 3 落下，封住喷嘴，活塞大头左腔气压从溢流孔泄去，活塞复位，这个延时时间可使水基本排完。

2. 不带手动操作的自动排水器

SMC AD402 浮子式自动排水器内部结构如图 6-13 所示，不带手动操作。当水杯内无气压时，浮子靠自重落下，压块关闭上节流孔5，活塞13靠弹簧15弹力压下，活塞杆与O形圈脱开，冷凝水通过排水口排出。当水杯内气体压力大于最低动作压力（0.1MPa）时，活塞受气体压力作用，克服弹簧力及摩擦阻力上移，排水口被关闭。当水杯内的水位升高到一定位置，浮子浮力使压块与上节流孔脱离，压缩空气进入活塞上腔，活塞下移，排水口被打开排水。水位下降到一定位置，上节流孔又被关闭。活塞上腔气压通过下节流孔排泄，活塞上移，排水口再次被关闭，这时水已基本排完。

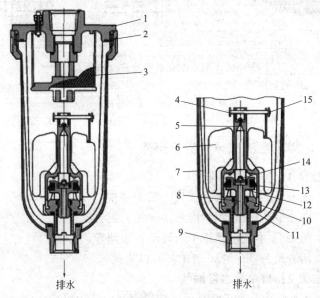

图6-13 AD402浮子式自动排水器

1—盖；2,10—O形圈；3—纱网；4—压块；5—上节流孔；6—浮子；

7—水杯；8—排水口；9—排水管；11—下节流孔；12—活塞；

13—活塞密封圈；14—弹簧；15—控制杆

3.电动式自动排水器

图6-14所示为日本SMC公司生产的ADM200型电动式自动排水器结构原理图。

电动自动排水器的结构原理：电动机1驱动凸轮4旋转，拨动杠杆9，压下截止阀，定期地排除凝结水分，一般使阀芯7每分钟上下动作 1～4 次，即排水阀开口开启 1～4 次。也可按下手动按钮 8，可不定期地排除凝结水分。

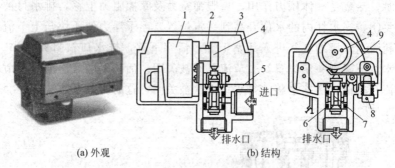

(a) 外观　　　　　　　　　(b) 结构

图 6-14　ADM200 型电动式自动排水器

1—电动机；2—定位螺钉；3—外罩；4—凸轮；5—截止阀组件；

6—O 形圈；7—阀芯；8—手动按钮；9—杠杆

二、排水器的故障分析与排除

【故障 1】排水器不排水

① 图 6-12 中的活塞 9 卡死：拆开清洗。

② 图 6-14 中截止阀的阀芯 7 卡死：拆开清洗。

③ 图 6-14 中的电动机 1 未转动：查明原因修复。

④ 活塞密封圈、浮子老化：予以更换。

【故障 2】自动排水器漏气

自动排水器为常开型时，压缩机刚开，压力未建立，自动排水器会漏气，如有需要可改选用常闭型。

（注：排水杯在装满了一杯后，肉眼有时会很难判别，误为空杯，可用螺丝刀拧松排水器顶的通孔，观察是喷气或喷水便可知）

第三节　油雾器

一、油雾器的作用和目的

在气动元件中，操作部的执行元件和控制部的方向控制阀、流量控制阀等的内部有频繁动作的滑动部分，为使其能长期稳定地发挥性能，必须在这些滑动部适当地涂抹润滑油。油雾器的作用就是把油滴变成油雾，让油雾随气体一起进入气缸等需润滑的气动元件进行润滑。

油雾器是气动系统中专用的注油装置。它以压缩空气为动力，将特定的润滑油喷射成雾状混合于压缩空气中，并随压缩空气进入需要润滑的部位，达到润滑的目的。

对气动元件进行润滑的目的如下：
① 在相对运动的固体间形成油膜，防止磨损，提高耐久性；
② 减少滑动阻力，提高元件的动作效率；
③ 给密封部加油，减轻密封材料的磨损，防止空气泄漏；
④ 向气动元件、管路进行润滑，可起到防锈、防腐蚀作用；
⑤ 还能得到清洗、冷却的副效果。

最近的气缸、电磁阀出于防止油雾等对环境的污染和省油的目的，采用了无给油形式。当然，如对无给油形式的气缸和电磁阀给油，也能延长元件的寿命。

总而言之油雾器对元件的耐久性、效率都有很大影响，发挥着重要作用。给油方法有在需要时给油的间歇性方法和利用一直流动的空气吸油喷雾给油，使用后者的较多。

二、油雾器的喷雾原理

每种油雾器都包含一个喷雾器，油雾器的喷雾工作原理如图 6-15 所示。假设压力为 p_1 的气流从左向右流经文氏管后压力降为 p_2（因为流速快），当输入压力 p_1 和 p_2 的压差 Δp 大于把油吸到排出口所需压力时，油被压到油雾器上部，在排出口形成油雾并随压缩空气输送到需润滑的部位。在工作过程中，油雾器油杯中的润滑油液位应始终保持在油杯上、下限刻度线之间。油位过低会导致油管露出液面吸不上油；油位过高会导致气流与油液直接接触，带走过多润滑油，造成管道内油液沉积。

许多气动应用领域如食品、药品、电子等行业是不允许油雾润滑的，而且油雾还会影响测量仪的测量准确度并对人体健康造成危害，所以目前不给油润滑（无油润滑）技术正在逐渐普及。

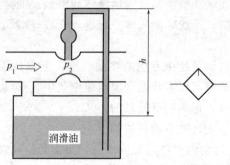

图 6-15　油雾器的喷雾工作原理与图形符号

三、油雾器的结构原理

1. 普通油雾器的结构原理

图 6-16 为普通油雾器也叫均衡式油雾器的结构原理图：每种油雾器都包含一个喷雾器，如图中的部件 1。

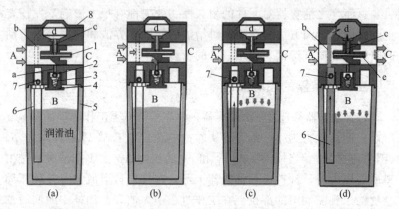

图 6-16　普通油雾器

1—喷雾器；2—钢球；3—弹簧；4—阀座；5—存油杯；

6—吸油管；7—单向阀；8—视油器

压缩空气从输入口 A 进入油雾器后，绝大部分经主管道 C 输出，一小部分气流经过小孔 a→单向阀（钢球 2 与弹簧 3 组成）进入存油杯 5 的上腔 B 中 [图 6-16 中(b)→(c)]，使润滑油油面受压。由于气流高速的流动，根据伯努利方程，流速快处压力低，这样造成油雾杯附近 c 处的压力低于 B 腔气流的压力，产生压差（A 腔压力＞c 处压力），润滑油在此压差作用下，B 腔油液沿吸油管 6 上升，打开单向阀 7，油液经吸油管单向阀 7→流道 b→滴落到透明视油器 8 腔 d 内→流道 c→喷嘴的 e 口喷出 [图 6-16(d)]，并顺着油路被主管道中的高速气流从出口 C 引射出来，雾化后随空气一同输出，油雾的粒径约为 $20\mu m$。

本油雾器可在不停气情况下补油。

2.可变节流油雾器的结构原理

图 6-17 所示的可变节流油雾器的结构原理与普通油雾器相同，不同之处在结构上，它的油雾生成不是靠固定喷嘴（节流孔）而是可变节流阀。这样油雾粒径大小和滴油量可变化，即使空气流量发生变化也能充分供应润滑油。

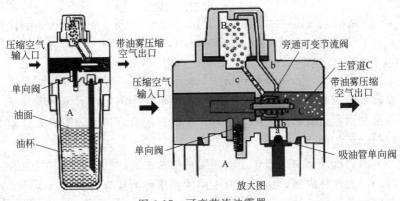

图 6-17 可变节流油雾器

3.均衡式油雾器的结构原理

均衡式油雾器结构原理见图 6-18 所示，当空气进入均衡式油雾器，分为两个通道：空气大部分越过阻尼叶片 11 小孔从输出口输出，同时也经过一个单向阀进入油杯内。当没有流量时，同样压力存在于杯内油的表面，油管和视油器内当然不会产生油的移动。

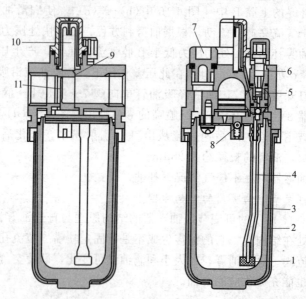

图 6-18　均衡式油雾器

1—青铜烧结过滤器；2—杯子护套；3—杯子；4—油管；5—单向阀；6—油量调节阀；
7—加油孔塞；8—单向阀；9—毛细管连接孔；10—视油器；11—阻尼叶片

当空气流入油雾器时，由于阻尼叶片限制，导致输入与输出压力降，流量越高压力降越大。当节流阀的大小固定，大量地增加流量值会引起过量的压力降，由此产生油气混合，从而能使油大量地到气动系统中去。

因为视油器由毛细管连接到阻尼叶片之后的低压区域，视油器内的压力比杯内低，这个压力不同的差压使油从管内上升，通过单向阀和油量调节阀后进入视油器。一旦油进入视油器，油通过毛细管渗入到在最高气流的地方，在阻尼叶片旁产生的涡流靠紊流作用把油分裂成极小的颗粒并雾化，均匀地与空气混合。

图 6-19 所示为国产 QIU 型普通一次油雾器的结构，其工作原理同图 6-18。

4. 脉冲式油雾器的结构原理

如图 6-20 所示，先导压缩空气从进气口 A 进入，经 B 腔→流

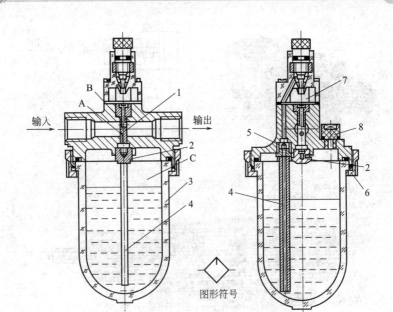

图 6-19　QIU 型普通一次油雾器

1—罩；2—盖；3—导流板；4—滤芯；5—旋风叶轮；
6—滤杯组件；7—排水阀阀套；8—O 形密封圈

道 c→流道 d，作用在活塞的进口侧（右侧）右端面上，产生向左的力克服活塞弹簧向右的弹力，挤压泵室内的油液。此时泵室内的油液压力升高，下压钢球，这时密封关闭了油的进口通路。泵室的油体积＝伸入泵室的活塞断面积×活塞行程，泵室内产生的油压力向左推开单向阀，单向阀开启，于是在油的出口侧便有油液输出。一旦泵室的油输出完了，单向阀在单向阀弹簧的作用下，关闭出口侧通路，停止输油。先导空气一旦停止供应压缩空气而排气，由于活塞弹簧的作用，活塞向右复位，此时泵室内容积增大形成负压，钢球吸至上侧，新油重新在大气压的作用下从进口通路被压入泵室。

输出油量的调整：靠回转手轮，改变活塞的行程进行。手轮逆时针回转，输出量变多；顺时针回转，输出量变少。活塞的动作可用指示器目视确认。

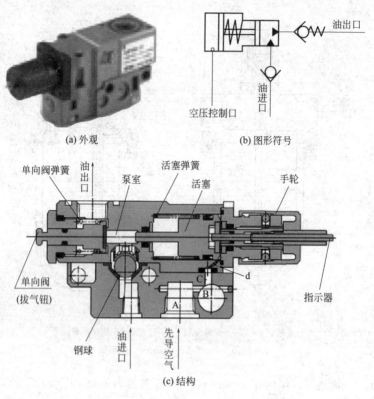

(a) 外观   (b) 图形符号

(c) 结构

图 6-20 脉冲式油雾器

5. 自动补油型油罐与油雾器的结构原理

自动补油型油罐与油雾器的结构原理如图 6-21 所示,凸轮手轮 A 顺时针旋转 90°,进气阀 B 开启,压缩空气进入油罐。油罐内的油受压缩空气的作用经过滤网 C 压入,油沿导油管上升,推开单向阀由出口排出。排出的油从图 6-21 所示的油雾器底部的油进口进入,经过滤片 1 过滤后进入油雾器的油杯 7 内。当油杯 7 内油量增至一定高度时,浮子 3 升起,通过杠杆 6 使挡板 5 下降,封住喷嘴 4,停止供油。当油量减少到一定高度,挡板又开启自动补油。

若手轮 A 逆时针旋转 90°,则关闭压缩空气进口侧来的空气,油罐停止供油。

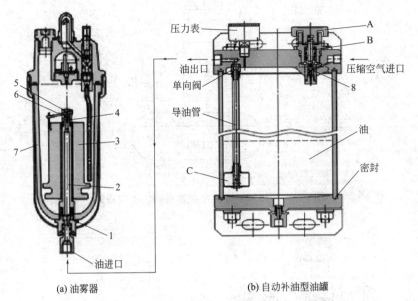

(a) 油雾器　　　　　　　　(b) 自动补油型油罐

图 6-21　　自动补油型油雾器

1—过滤片；2—导油管；3—浮子；4—喷嘴；5—挡板；6—杠杆；7—油杯；8—进气阀

6.差压型油雾器的结构原理

图 6-22 是以 ALD600 差压型油雾器为例的工作回路图，图 6-23 是其结构原理图。顺时针旋转差压调位阀的调节螺杆，阀芯开度变小，可形成进口与出口间 0.03～0.1MPa 的压差，以保证进口侧单向阀关闭，出口侧单内阀开启。旋转给油塞，将二位二通阀的阀杆压下，阀开启，油雾器进口有压气体通过阀芯进入油杯内的气室，气室内的压力与油面上的压力有一定压差，故气体从喷口以高速气流喷出，从吸油口将油杯中的油卷吸进来，被高压气流带出雾化。大量较小雾粒飘浮至油箱油面上，然后从开启的出口侧单向阀被引射至油雾器出口，形成微雾与主气流一起输出。较大油粒子又落回油中。

本油雾器也能不停气补油。将给油塞旋松两圈半，二位二通阀早已关断，油箱内气压全泄后，两个单向阀都关闭，取下给油塞，便可补油。

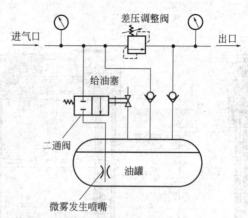

图 6-22 ALD600 差压型油雾器的工作回路图

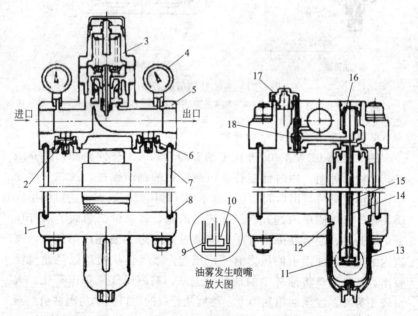

图 6-23 ALD600 差压型油雾器的结构原理图

1—油箱下盖；2—进口侧单向阀；3—差压调整阀；4—压力表；5—阀主体；6—出口侧单向阀；7—油箱；8—密封垫；9—吸油口；10—喷口；11—微雾发生器；12—O形圈；13—油杯；14—气室；15—微雾通道；16—滤芯；17—给油塞；18—二位二通阀

图 6-24 为用差压型油雾器实现多点润滑的应用举例。

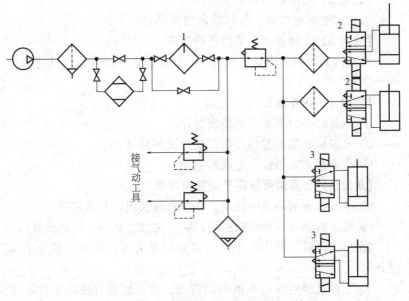

图 6-24　用差压型油雾器实现多点润滑
1—差压型油雾器；2—间隙密封电磁阀；3—弹性密封电磁阀

四、油雾器的故障分析与排除

【故障 1】不滴油

① 使用了不适当的油：应分解、清扫后使用符合 ISO VG32 标准的润滑油。

② 有污物等杂质堵塞油路：拆卸、清扫油路。

③ 油面没有加压：拆卸、清扫通向外壳的空气导入部位。

④ 油老化，导致流动性差：拆卸、清扫后注入新油。

⑤ 环境温度过低导致油黏性增大：将环境温度提高到适当温度。

⑥ 油量调整螺钉不良：拆卸、清扫油量调整螺钉。

⑦ 油雾器安装时反向：改变安装方向。

⑧ 流量不能达到油雾器的最小滴油流量：根据需要流量选择油雾器并更换，追加安装空转气缸，使之能达到油雾器的最少滴

油量。

【故障 2】油滴数不能减少

油量调整螺钉失效：检修油量调整螺钉。

【故障 3】冷凝水混入了滤杯的油中

检查过滤器滤杯中是否积了水，使水溢出：定期排放过滤器中的冷凝水。

【故障 4】往外漏气

① 密封件密封不好：更换密封件。

② 合成树脂制的滤杯产生裂纹：更换滤杯。

③ 滴液窗产生裂纹：更换滴液窗。

【故障 5】合成树脂滤杯及滴液窗破损

① 在有机溶剂环境中使用：使用金属及玻璃制滴液窗。

② 空压机润滑油中特殊物质影响：更换为别的空压机润滑油。

③ 空压机吸入的空气中，含有对树脂有害的物质：使用金属滤杯。

④ 滤杯及滴液窗用有机溶剂清洗：更换滤杯（使用中性洗涤剂清洗）。

五、油雾器的检查

油雾器的检查如表 6-5 所示。

表 6-5　油雾器的检查

部位	序号	检查项目	检查方法和判定标准
油雾器	1	检查油雾器的油量	清洗油雾器时，检查油位是否在上下限位之间
	2	检查油是否变质或混合了灰尘或杂质	从套内取出一点油作样品，滴几滴到滤纸上检查是否有灰尘和杂质。而且，通过和油样比较判定油的等级
	3	检查油的类型	确认油箱上油的类型是否与设备规格上列举的一样
	4	检查管子接头是否漏气	用肥皂水检查是否漏气

第四节　气动三联件

一、支路气源净化处理装置概述

如图 6-25 所示，整个气源净化处理装置包括的内容很多，例如空压机出口的压缩空气温度较高，先要经后冷却器进行冷却，然后储藏在储气罐中，经主管路过滤器进行总过滤，再经冷冻式空气干燥机进行干燥，可能还经油雾分离器、微雾分离器与除臭过滤器进一步净化，才能进入后续的应用支路。

进入各应用支路的压缩空气，还需再经由空气过滤器、减压阀和油雾器三种气源处理元件组装在一起的气动三联件，对压缩空气进一步处理，方能转入应用。

二、气动三联件（三大件）的作用

在气动技术中，将空气过滤器（Filter）、减压阀（Regulator）和油雾器（Lubricator）三种气源处理元件组合装在一起称为气动三联件（FRL）。一般在每个独立的支路回路系统中，都有气动三联件这个基本装置，用于进入气动系统支路（如气动仪表支路）的气源的净化、过滤和减压。提供给支路（如气动仪表支路）一定额定的气源压力、经净化再过滤的压缩空气，同时还可以起到润滑的作用。

此装置上的过滤器有别于主管路上的过滤器，不论在结构上或是过滤效能上，都不能取代主管的过滤器。这组合上的空气过滤器只能起一个后备应急或提供回路系统的进一步保障作用。气动三联件是气动元件及气动系统使用压缩空气的质量最后保证。

（1）分水过滤器　作用是除去空气中的灰尘、杂质，并将空气中的水分分离出来。

① 原理：回转离心、撞击。

② 性能指标：过滤度、水分离率、滤灰效率、流量特性。

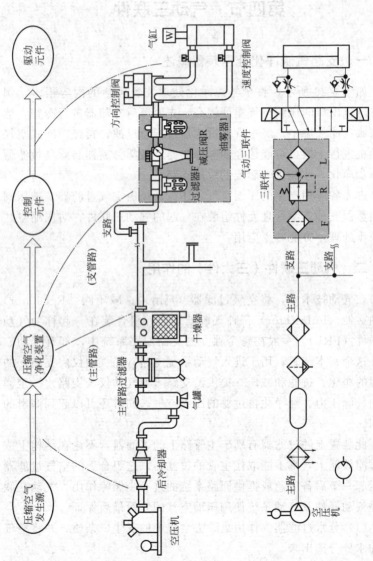

图 6-25 气源的净化处理与支路净化处理

（2）油雾器　雾器是一种特殊的注油装置。它以空气为动力，使润滑油雾化后，注入空气流中，并随空气流进入需要润滑的部件，达到润滑的目的。

① 原理：当压缩空气流过时，它将润滑油喷射成雾状，随压缩空气流入需要润滑的部件，达到润滑的目的。

② 性能指标：流量特性、起雾油量。

（3）减压阀　起减压和稳压作用。

三、标准的模块式气动三联件的组合方式

气动三联件（FRL）是气动系统不可缺少的辅助元件，包括空气过滤器、减压阀、油雾器三种组成气源调节装置，使之具有过滤、减压和油雾润滑的功能。联合使用时，其连接顺序应为空气过滤器→减压阀→油雾器。油雾器在使用中一定要垂直安装，不能颠倒，安装时气源调节装置应尽量靠近气动设备附近，距离不应大于 5m。

1.标准的模块式三联件的组合方式

标准的模块式 FRL 组合元件的组合方式如图 6-26 所示，作为支路净化处理系统，由空气过滤器＋减压阀＋油雾器组成，对支路系统的压缩空气进行净化和处理。这是支路净化处理的标配组合，有些支路净化处理系统还有其他组合方式。

(a) 外观

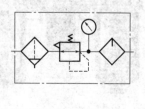

(b) 图形符号

图 6-26

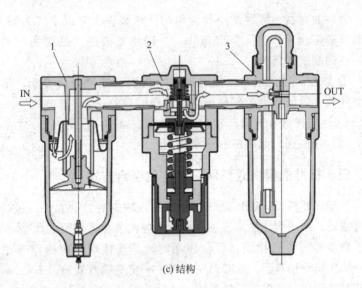

(c) 结构

图 6-26　气动三联件（FRL）的组合方式

1—过滤器；2—减压阀；3—油雾器

2."空气过滤器＋减压阀＋油雾分离器＋残压排放阀"的组合方式

这种支路净化处理系统的组合方式如图 6-27 所示。

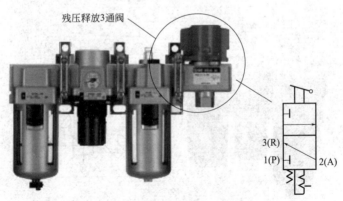

图 6-27　"空气过滤器＋减压阀＋油雾分离器＋

残压排放阀"支路净化处理系统

四、模块式三联件结构原理与使用要点

1.过滤器

（1）结构原理 分水过滤器的结构原理如图 6-28 所示。

当压缩空气从过滤器的输入口流入后，气体及其所含的冷凝水、油滴和固态杂质由导流板（旋风挡板）6 引入滤杯中，旋风挡板使气流沿切线方向旋转，空气中的冷凝水、油滴和颗粒大的固态杂质等质量较大，受离心力作用被甩到滤杯 3 内壁上，并流到底部沉积起来。然后，压缩空气流过滤芯 5，进一步清除其中颗粒较小的固态粒子，洁净的空气便从输出口输出。

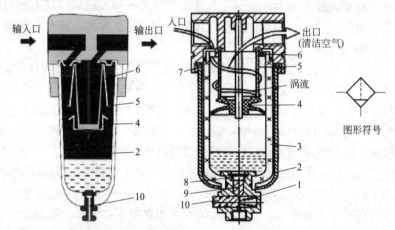

图 6-28 普通分水过滤器结构原理

1—复位弹簧；2—保护罩；3—滤杯；4—挡水板；5—滤芯；6—导流板；
7—卡圈；8—锥形弹簧；9—阀芯；10—手动放水阀

（2）使用要点 过滤器的使用要点如下。

挡水板 4 的作用是防止已积存的冷凝水再混入气流中。定期打开手动放水阀 10，放掉积存的油、水和杂质。当人工放水和观察水位不方便时，应使用自动排水式过滤器。使用时，分水过滤器必须垂直安装，并使排水阀向下，壳体上箭头所指为气流方向，切勿装反。需要特别强调的是，使用中必须经常放水，存水杯中的积水不得超过

挡水板，否则水分仍将被气流带出，失去了分水过滤器的作用。

当过滤芯因阻塞而造成严重压力降时，便需要定期清洗或更换滤芯，更换过程是很容易的。滤杯通常由聚碳酸酯材料制成，为了安全，这种杯子必须用一个金属的杯子护套来保护。在化学危险品的环境中必须使用专门的杯子材料。若需受热、有火花等环境，则必须使用金属杯。

2. 减压阀

减压阀的作用为调节回路的压力，是将高的输入压力调到规定的压力输出，并能保持输出压力稳定，调节回路的压力，即减压与稳压，不受空气流量变化及气源压力波动的影响。过高的压力会造成不必要的能源浪费，也会令气动元件耗损增加。过低的压力却会造成回路系统操作不稳定，所以压力的调节是必须的，通过旋转调压手柄进行调压。

（1）结构原理 减压阀的结构原理如图 6-29 所示，顺时针方向旋转调压手柄升压，逆时针方向旋转调压手柄降压。当顺时针调节手柄，调压弹簧 2 被压缩，推动膜片 4 下移，阀杆 10 也下移，推开阀芯 7，保持一定的节流开口，则入口气压力 p_1 经阀芯 7 节流开口降压，输出口输出压力 p_2；另外一部分空气通过流量补偿的连接管 6，进入流量补偿腔 5 内，作用在膜片 4 下端面上，产生向上的作用力与调压弹簧向下的压着膜片 4 的弹簧力相平衡，p_2 输出一定的压力。当 p_2 增大，作用在膜片 4 下端面上产生向上的作用力也增大，膜片 4 向上变形，溢流阀 3 向上开启溢流口，压力 p_2 因此下降，反之则上升，通过溢流阀 3 的上下移动起到调节作用，以达到出口压力稳定在一定值。

（2）使用要点 使用中当减压阀出现压力不能调整时，其产生原因和排除方法如下：

① 进出口装反时正确安装；

② 调压弹簧损坏时拆开更换；

③ 复位弹簧损坏时拆开更换；

④ 膜片破损时拆开更换；

⑤ 阀芯上的橡胶垫损伤时更换损伤件；

⑥ 阀芯上嵌入异物时拆开清扫。

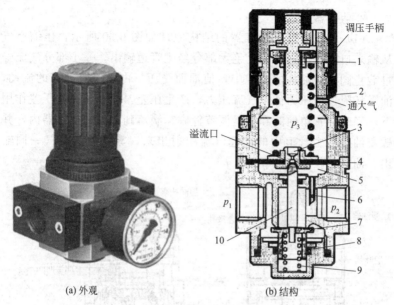

(a) 外观   (b) 结构

图 6-29 减压阀的结构原理

1—调整杆；2—调压弹簧；3—溢流阀；4—膜片；5—流量补偿腔；6—流量
补偿的连接管；7—阀芯；8—O 形圈；9—阀芯复位弹簧；10—阀杆

减压阀使用中要进行日常检查，日常检查的内容如表 6-6
所示。

表 6-6 减压阀的日常检查要点

部位	序号	检查项目	检查方法和判定标准
压力控制阀（减压阀）	1	检查压力控制阀的工作条件	当旋转压力调整旋钮时，通过阅读压力表检查是否操作正确
	2	检查压力表"0"点	阻止空气和检查压力表指针是否指向"0"
	3	检查压力表的控制范围	清洗压力表时，检查是否有破碎的玻璃容器、弯针和控制标记 检查设备规格和控制范围，确认无异常现象
	4	检查管子接头是否漏气	用肥皂水检查管子接头是否漏气

3. 油雾器

(1) 结构原理　油雾器的结构原理如图 6-30 所示,压缩空气从输入口进入油雾器后,绝大部分经主管道输出,一小部分气流经过截止阀进入油杯的上腔中,使油面受压。由于气流高速的流动,油雾杯附近的压力低于气流压力,产生压差,润滑油在此压差作用下,经吸油管单向阀和油量调节针阀,滴落到透明的视油器内,并顺着油路被主管道中的高速气流引射出来,雾化后随空气一同输出。油雾粒径约为 $20\mu m$。

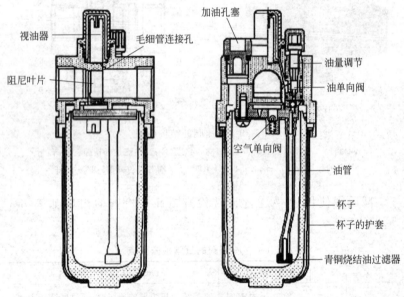

图 6-30　油雾器的结构原理

(2) 使用要点　在油雾器内,输入与输出间的压力降与流量直接成正比,因而将杯子里的油提升到视油器内。当节流阀的大小固定,大量地增加流量值会引起过量的压力降,由此产生油气混合,从而使油大量地到气动系统中去。相反,减少流量值,达不到足够的压力降,会引起的油气混合相应不能充满。为了解决这问题,油雾器应有自身的交替调节作用,产生恒定的油气混合。

当空气流过油雾器时,由于阻尼叶片限制,导致输入与输出间出现压力降。流量越高压力降越大。因为视油器由毛细管连接到阻尼叶片之后的低压区域，视油器内的压力比杯内低。这个压力不同产生的压差使油从管内上升，通过单向阀和油量调节阀后进入视油器内。一旦油进入视油器内，油通过毛细管渗入到最高气流的地方，在阻尼叶片产生的涡流及靠紊流作用把油分裂成小的颗粒并雾化，均匀地与空气混合。

阻尼叶片是由柔性材料制成，当流量增加时可弯曲使流过通路增宽，自动地调节压力降和保持恒定的混合。在给定的压力降，油量调节阀可允许调节油量。即使空气流暂时中断，油单向阀仍保持管子上部的油量，空气单向阀使不切断输入空气流时也可以进行加油。正确的给油量由操作状态所决定，但是，一般原则上是在机器每个循环中，允许 1～2 滴油。推荐使用透平 1 号油（ISO VG32）。

4.残压排放阀

如图 6-31 所示，残压排放阀为一手动三通换向阀，在图 6-31(b) 所示的回路中的气缸与电磁阀修理时，为了安全，先操作残压排放阀，排出回路内的余压。

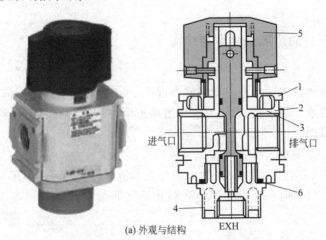

(a) 外观与结构

1—盖板；2—阀体；3—阀芯组件；4—底塞；5—手柄；6—O形圈

图 6-31

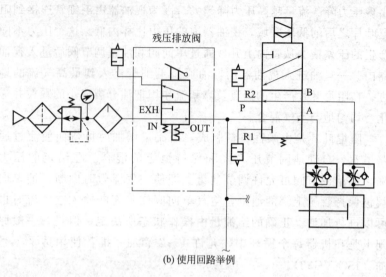

(b) 使用回路举例

图 6-31 残压排放阀

第五节 消声器

一、消声器的类型与结构

1.金属主体型消声器

这种消声器的消声效果好，可达 30dB；通气阻力小；体型小、安装简单。图 6-32 所示为金属主体型消声器的外观、图形符号与结构举例。

2.金属外壳型消声器

图 6-33 所示为 25 系列金属外壳型消声器的外观、图形符号与结构，仅轴向一个方向排气，防止排气时粉尘及噪声向各个方向散射。

3.高消声型消声器

图 6-34 所示为高消声型消声器的外观、图形符号与结构。其具有 35dB 的消声效果，外壳使用难燃材质。

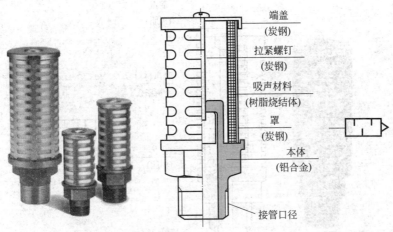

端盖
(炭钢)

拉紧螺钉
(炭钢)

吸声材料
(树脂烧结体)

罩
(炭钢)

本体
(铝合金)

接管口径

图 6-32　金属主体型消声器的外观、图形符号与结构举例

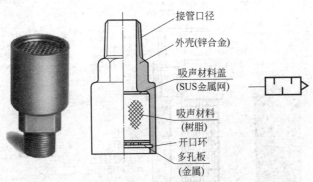

接管口径

外壳(锌合金)

吸声材料盖
(SUS金属网)

吸声材料
(树脂)

开口环

多孔板
(金属)

图 6-33　金属外壳型消声器的外观、图形符号与结构

图 6-35 所示为另一种高消声型消声器的外观、图形符号与结构，能将工厂内噪声降至 85dB 以下的高消声消声器，可达到 40dB 降噪消声效果。

4. 洁净室用排气消声过滤器

其过滤原理如图 6-36 所示：由麦秆状带小孔纤维的多孔质构造。这种过滤器又能过滤又能消声。其中空纤维膜过滤精度为 0.01μm，消声效果达 30dB 以上，最大处理流量 200L/min (ANR)。中空纤维过滤是指通过多层纤维孔，捕捉/过滤压缩空气

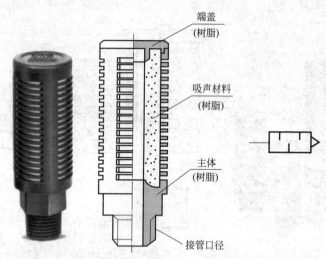

端盖
（树脂）

吸声材料
（树脂）

主体
（树脂）

接管口径

图 6-34　高消声型消声器的外观、图形符号与结构例 1

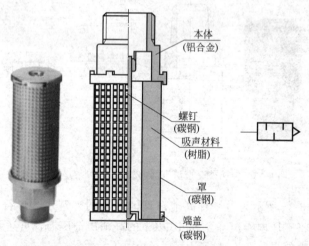

本体
（铝合金）

螺钉
（碳钢）
吸声材料
（树脂）

罩
（碳钢）

端盖
（碳钢）

图 6-35　高消声型消声器的外观、图形符号与结构例 2

中的杂质。

二、消声器的故障分析与排除

消声器的故障主要是消声效果不明显，其原因如下。

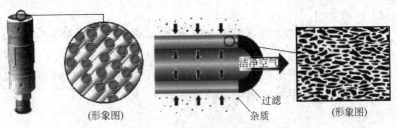

图 6-36　洁净室用排气消声过滤器工作原理

① 选择消声器的种类应考虑消声器的降噪频率范围：

吸收型主要消除中、高频噪声，而对低频噪声降低效果不明显；

膨胀干涉型主要消除中、低频噪声，尤其是低频噪声，对高频噪声降低效果不明显；

膨胀干涉吸收型既可消除中、高频，也能消除低频噪声，但制造成本较高。

② 消声器堵塞时，降噪效果降低。

第六节　管件

管件在气动系统中起着连接各元件的重要作用，通过管件向各气动元件、装置和控制点输送压缩空气。管件也是气动系统中往往容易忽视的重要内容之一，其质量的好坏往往影响整个系统的工作状况。如设计、施工中不注意管件的密封，结果将造成管路、装置的泄漏，这不但浪费了能源，严重的会使气源压力降低，影响气动阀、气缸等元件的正常动作。

管件材料有金属和非金属之分，金属管件多用于车间气源管道和大型气动设备；非金属管道多用于中小型气动系统元件之间的连接以及需要经常移动的元件之间连接（如气动工具）。

管件包括管道与各种管接头。

一、管道

用于气动系统的管道有钢管、铜管、尼龙软管等。

1. 钢管

钢管有低压流体输送用钢管、焊接钢管、无缝钢管和不锈钢管，都可用作空气管道。其中低压流体输送用钢管适用于水、煤气和空气管路。在测量装置、试验台等应用场合，对于管道质量要求严格，此时常采用不锈钢管，但价格昂贵。

2. 铜管

铜管在以往气动装置中用得较普遍，铜管常用在特殊的场合下，如环境温度高、使用软管易受损伤的地方。但铜管价格较高。

3. 软管

目前由于软管材料性能的进步，逐步取代铜管。常用尼龙管、聚氨酯管、橡胶管等。

（1）尼龙管　尼龙管具有柔软性，可随意弯曲，具有良好的接管工艺性，但当弯曲半径小于最小容许半径时，则会发生折曲并堵塞气流。其使用中具有良好的耐磨损性能，且变形较小，耐压性能良好，足以满足气动系统的要求。但其在高温时的耐压能力将迅速下降，允许的环境温度一般为−20~60℃。

国产尼龙管有尼龙 11 管和尼龙 12 管两种。常用的是尼龙 11 管，可在许多场合使用，包括食品、医药、润滑系统、航空及航海工程等。尼龙 12 管能耐高强度紫外线，特别适于室外使用。在低压液压系统、真空系统、空调及振动隔离器等场合，推荐使用尼龙 12 管。

（2）聚氨酯管　聚氨酯管是一种高性能聚氨基甲酸酯制品，比尼龙管更柔软，弹性类似橡胶，弯曲半径非常小，具有很好的耐弯曲疲劳特性。这种软管在−20℃的温度下还能耐机床油，重量轻而坚韧，适用于各种应用场合。同尼龙管一样，在高温时，其耐压能力也将迅速下降。允许的环境温度一般为−20~60℃。

（3）橡胶管　用于气动的空气胶管需承受一定的压力，通常橡胶管里用夹布、铠装夹布、纤维编织及纤维缠绕等织物加强层来保证胶管具有足够的耐压强度，以满足空气工作压力的要求。

二、管接头

1. 卡套式管接头（图 6-37）

管夹的选用：使用金属管夹有强固的夹持力夹持管子，使用软铜管管夹也可，但不可使用聚氨酯管夹。

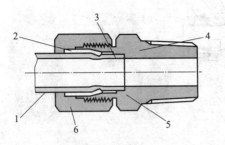

图 6-37 卡套式管接头

1—管子；2—管夹；3—管子保持座；4—接头体；5—喇叭扩张部；6—锁母

2. 嵌入式管接头

图 6-38 所示为嵌入式管接头的结构举例。

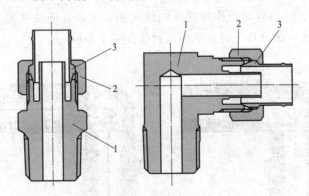

图 6-38 嵌入式管接头

1—接头体；2—连接螺母；3—树脂管夹、堵头或黄铜管夹

3. 快插式管接头

快插式管接头常用于气动控制回路中尼龙管和聚氨酯管的连接，其结构如图 6-39 所示。使用时将管子插入后，管接头中的弹性卡环将自行咬合固定，并由 O 形密封圈密封。卸管时只需将弹性卡环压下，即可方便拔出管子。快插式管接头种类繁多，尺寸系列也十分齐全，是软管接头中应用最广泛的一种。

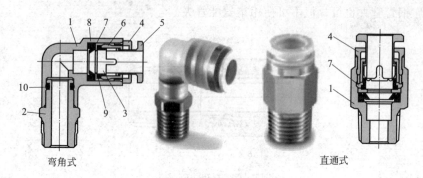

弯角式　　　　　　　　　　　　直通式

图 6-39　快插式管接头

1—接头体；2—压入接头；3—夹头；4—导套；5—释放套；6—弹簧夹；
7—限位环；8—密封；9—缓冲圈；10—O 形圈

4. 自封式快换接头

图 6-40 为自封式快换接头的结构例，可以方便快速地安装和卸掉管子。卸掉管子时，单向阀封闭住管子不漏。

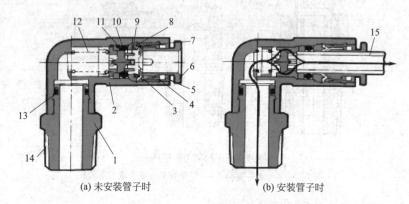

(a) 未安装管子时　　　　　　　(b) 安装管子时

图 6-40　自封式快换接头

1—压入接头；2—接头体；3—夹头；4—弹簧夹；5—导向套；6—释放套；
7—缓冲垫环；8—止动环；9—单向阀芯；10,13—O 形圈；11—挡圈；
12—弹簧；14—带密封剂；15—管子

5. 内置单向阀连接器（快换接头）

如图 6-41 所示，为带单向元件的快换接头，插头单体与插座

单体内均装有单向元件。插头与插座未接上时，单向元件均将各自
管道封闭；当接头相互连接时，单向元件互相顶开连通管道，两侧
气路接通，且此时插座上的钢球 10 落在插座主体 1 凹槽内，套筒
2 将钢球实现钢球定位并锁住插头单体与插座单体的连接。

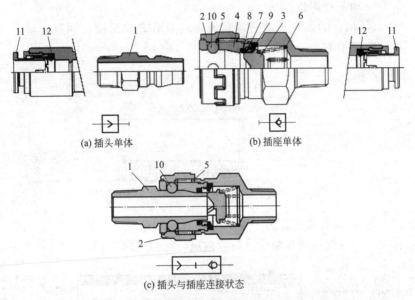

(a) 插头单体   (b) 插座单体

(c) 插头与插座连接状态

图 6-41 带单向元件的快换接头

1—插座主体；2—套筒；3—阀芯；4—主体；5—套筒弹簧；6—阀弹簧；7—止动环；
8—插头 O 形圈；9—密封件；10—钢球；11—卡座；12—密封件

当往右拨动套筒 2，压缩套筒弹簧 5，钢球 10 露出接头，此时
可抽出插头单体与插座单体的连接，气路即断开连通，无需再装气
源开关。

所以这是一种既不需要使用工具又能实现快速装拆的管接头，
常用于急需经常拆、装的管路中。

三、配管时的几项注意点

① 过滤器后的配管材料应选用镀锌钢管、尼龙管、橡胶软管
等不易腐蚀的管材。过滤器前的配管材料也要选用镀锌钢管等不易

腐蚀的管子。

② 连接气缸和电磁阀的配管的截面积应达到能使活塞能够达到规定速度的有效截面积。

③ 为了去除管内生的锈、杂质及冷凝水，过滤器要尽可能安装在气动元件附近。

④ 钢管的螺纹长度必须是规定的有效螺纹长度。而且，要在螺纹前端留取半个螺距进行倒角加工（图 6-42）。

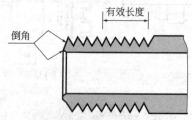

图 6-42　螺纹前端留取半个螺距进行倒角加工

⑤ 配管连接前，为了彻底清除管内的杂质、切屑等，要以超过 0.3MPa 气压的压缩空气对管内进行吹扫（图 6-43）。

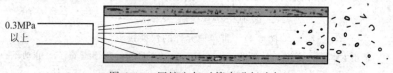

图 6-43　压缩空气对管内进行吹扫

⑥ 对元件等连接配管时，为了不使密封剂或密封胶带等混入配管内，要注意密封剂的用量和涂敷位置以及胶带的缠绕位置。

配管之前应使用压缩空气充分吹净或洗净管内的切削末、切削油、灰尘等；配管和管接头是螺纹连接的场合，不允许将配管螺纹的细末和密封带碎片混入配管内部；螺纹连接部位加固体、液体密封剂［图 6-44(a)］；密封带的卷绕方法，使用密封带时，螺纹部前端应留出 1.5～2 个螺距不缠绕密封带［图 6-44(b)、(c)］。

⑦ 配管连接后，用肥皂水等确认连接部是否漏气，确认完毕后要擦干净肥皂水。

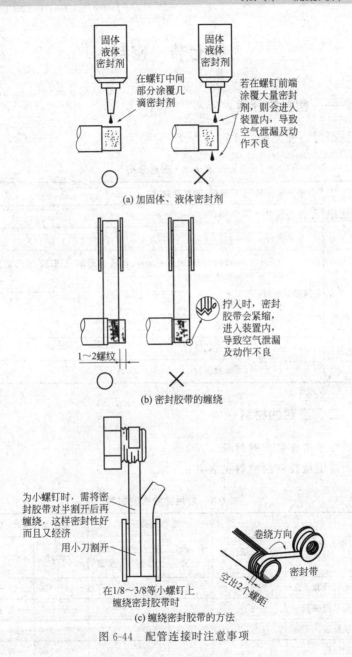

(a) 加固体、液体密封剂

(b) 密封胶带的缠绕

(c) 缠绕密封胶带的方法

图 6-44　配管连接时注意事项

第七节 密封

一、密封的分类

密封的分类见表 6-7。

表 6-7 密封分类

静密封	非金属密封(包括橡胶、塑料密封圈)	
	半金属密封	
	金属密封	
动密封	接触型密封	成形密封(即软质密封,包括 O 形圈、Y 形圈、V 形圈及特种形式密封圈)
		机械密封
		其他
	非接触型密封	迷宫式密封
		间隙密封

二、密封的材料

1.常用橡胶密封材料

常用橡胶密封材料见表 6-8。

表 6-8 常用橡胶密封材料

密封材料	石油基液压油、矿物基液压脂	难燃性液压油			使用温度范围/℃	
		水-油乳化液	水-乙二醇基	磷酸酯基	静密封	动密封
丁腈橡胶	◇	◇	◇	×	−40～120	−40～100
聚氨酯橡胶	◇	△	×	×	−30～80	一般不用
氟橡胶	◇	◇	◇	◇	−25～250	−25～180
硅橡胶	◇	◇	×	△	−50～280	一般不用

续表

密封材料	石油基液压油、矿物基液压脂	难燃性液压油			使用温度范围/℃	
		水-油乳化液	水-乙二醇基	磷酸酯基	静密封	动密封
丙烯酸酯橡胶	◇	◇	◇	×	−10～180	−10～130
丁基橡胶	×	×	×	△	−20～130	−20～80
乙丙橡胶	×	×	×	△	−30～120	−30～120
聚四氟乙烯	◇	◇	◇	◇	−100～260	−100～260

注：◇—可以使用；△—有条件使用；×—不可使用。

2. 常用合成树脂密封材料

常用合成树脂中，使用最多的是聚四氟乙烯树脂。在聚四氟乙烯中掺入不同的充填材料，可改善和提高其综合物理、化学性能，从而扩大了它的使用范围。因此，聚四氟乙烯树脂密封材料可适用石油基液压油、水-油乳化液、水-乙二醇基液压油、磷酸脂基液压油等工作介质的密封。常用合成树脂密封材料的主要特点和应用范围见表6-9所示。

表 6-9　常用合成树脂密封材料的主要特点和应用范围

名称	使用温度/℃	主要特点	应用范围
聚四氟乙烯及加充填物聚四氟乙烯	−100～260	耐磨性极佳，耐热/耐寒性优良，能耐几乎全部化学药品及溶剂和油等液体，弹性差，热胀系数大	适用于制作挡圈、支承环、导向支承环及压环，与O形圈等组合成同轴密封圈。喷涂、粘贴在密封件工作面，以降低摩擦因数，提高耐热性。制作生料带
聚酰胺尼龙	−40～100	耐磨性能佳（优于铜和一般钢材），耐弱酸、弱碱和水、醇等溶剂。冲击性好，有一定的机械强度，抗强酸腐蚀性差，溶于浓硫酸、苯酚，有吸水性及冷流性	适用于制造挡圈、压环、导向支承环等。三元尼龙与丁腈并用制作复动密封，可改善密封件性能
聚甲醛	−40～100	动静摩擦因数较小，耐有机溶剂及化学腐蚀，具有良好的机械性能及抗蠕变性	适用于制作往复运动密封圈用的挡圈和导向支承环等

3.常用金属密封材料

金属密封材料主要用于静密封。常用金属密封材料的种类和应用范围见表 6-10。

表 6-10 常用金属密封材料的种类和应用范围

材料	使用温度/℃	应用范围	材料	使用温度/℃	应用范围
铅 银 黄铜 镍 紫铜	<100 <650 <260 <810 <315	适用于高温、高压油、高压水蒸气等场合	蒙太尔合金 铝 不锈钢 钡锆	<810 <430 <870 <540	适用于高温、高压油、高压水蒸气等场合

三、气动用密封的主要种类和特点

气动元件的密封，除了硬配阀采用间隙密封外，大多采用成形密封圈的软质密封。其中 O 形密封圈结构简单，成本低，使用广泛。在其基础上发展了 X 形等各种具有双向密封特点的低摩擦力的密封圈。以往气动中用的 X 形密封圈，唇部是按液压工作设计的，使用效果不理想，始动摩擦力和动摩擦阻力较大，影响气缸工作的灵敏性。QY 形密封圈是根据气动工作条件而专门设计的一种气缸用密封圈，适用于气动往复运动密封，工作压力≤1MPa，工作环境温度−40～80℃，其材料为聚氨酯橡胶，邵氏硬度 HS (75±5)°，表 6-11 所列为气动用密封的主要种类和特点。

表 6-11 气动用密封的主要种类和特点

	种类	截面形状	材料	主要用途	特点
双向密封	O 形圈		橡胶	各种静密封、动密封	通用,结构紧凑、尺寸小、成本低
	X 形圈			各种静密封、动密封	结构紧凑、尺寸小(可与 O 形圈互换)、摩擦力低,防扭转、滚动
	特殊形圈			各种气动活塞、控制阀密封用	结构紧凑、尺寸小,防止扭转、滚动,寿命长

续表

	种类	截面形状	材料	主要用途	特点
双向密封	滑动密封		橡胶＋聚四氟乙烯	各种气缸活塞密封	结构紧凑、尺寸小，摩擦力低，不会与密封零件黏着
单向密封	Y形圈（RSY型）			各种气缸活塞、控制阀的动密封	摩擦力低，不受放置时间影响，密封性好，寿命长
	Y形圈（MY型）		橡胶	小型气缸、控制阀动密封	摩擦力、始动摩擦力低，尺寸小，沟槽尺寸与O形圈通用
	Y形圈（QY型）			各种气缸、控制阀的动密封	摩擦力低，稳定性好
	V形圈		橡胶皮革聚四氟乙烯	各种气缸活塞、活塞杆的特殊密封	寿命长
	L形圈		橡胶皮革	各种气缸活塞、特殊用途密封	
	J形圈			各种气缸活塞杆特殊用途密封	
防尘圈	防尘圈		橡胶	各种气缸活塞杆的防尘	通用型
	组合防尘圈			各种气缸活塞杆的防尘	防止润滑油逸出
	缓冲密封圈		橡胶＋金属环	各种气缸缓冲密封	通用型

四、密封圈漏气故障的分析与排除

因为 O 形密封圈结构简单，成本低，使用广泛，此处只对 O 形密封圈的故障进行说明。O 形密封圈的故障主要是漏气，导致密封不好。其减少故障的方法如下。

1. 正确选择 O 形密封圈的压缩变形量

① O 形密封圈静密封的压缩变形量应按照图 6-45 正确设计与选择，才可以防止漏气。

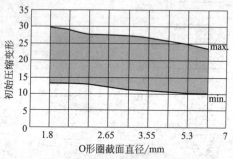

图 6-45　液压和气动静密封推荐压缩余量

② O 形密封圈动密封的压缩变形量应按照图 6-46 正确设计与选择，才可以防止漏气。

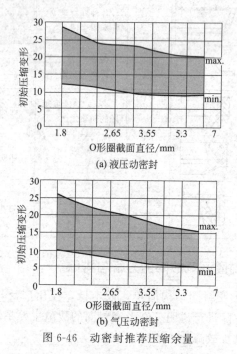

(a) 液压动密封

(b) 气压动密封

图 6-46　动密封推荐压缩余量

2. 应该正确设计和加工 O 形圈端面静密封的沟槽

O 形圈端面静密封沟槽应按照图 6-47、图 6-48、表 6-12 与表 6-13 进行正确设计与选择，才可以防止漏气。

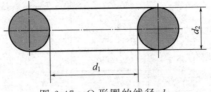

图 6-47　O 形圈的线径 d_2

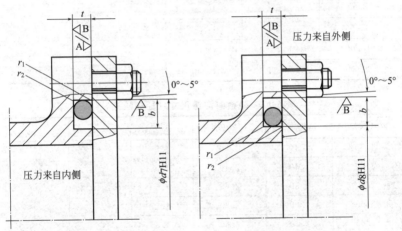

(a) 端面静密封（压力来自内侧）　　(b) 端面静密封（压力来自外侧）

图 6-48　O 形圈端面静密封（轴向压缩）沟槽

表 6-12　静密封沟槽尺寸（轴向压缩）

d_2(线径)	t(槽深)	$b+0.20$(槽宽)	r_1	r_2
1.50	1.10	1.90		
1.80	1.30	2.40		
2.00	1.50	2.60	0.2~0.4	0.2~0.24
2.50	2.00	3.20		
2.65	2.10	3.60		

d_2（线径）	t（槽深）	$b+0.20$（槽宽）	r_1	r_2
3.00	2.30	3.90		
3.55	2.80	4.80		
4.00	3.25	5.20	0.4~0.8	
5.00	4.00	6.50		
5.30	4.35	7.20		0.2~0.24
6.00	5.00	7.80		
7.00	5.75	9.60		
8.00	6.80	10.40		
9.00	7.70	11.70	0.8~1.2	
10.00	8.70	13.00		
12.00	10.60	15.60		

表 6-13 静密封沟槽尺寸（径向压缩）

d_2（线径）	t（槽深）	$b+0.20$（槽宽）	z	r_1	r_2
1.50	1.10	1.90	1.5		
1.80	1.40	2.40	1.5		
2.00	1.50	2.60	1.5	0.2~0.4	
2.50	2.00	3.20	1.5		
2.65	2.10	3.60	1.5		
3.00	2.30	3.90	2.0		
3.55	2.90	4.80	2.0		
4.00	3.25	5.20	2.0		
5.00	4.10	6.50	3.0	0.4~0.8	0.1~0.3
5.30	4.50	7.20	3.0		
6.00	5.00	7.80	3.0		
7.00	5.90	9.60	3.6		
8.00	6.80	10.40	4.0		
9.00	7.70	11.70	4.5	0.8~1.2	
10.00	8.70	13.00	4.5		
12.00	10.60	15.60	4.5		

3. 应该正确设计和加工 O 形密封圈动密封的沟槽

气动动密封沟槽（往复运动动密封沟槽）应按照图 6-49 与表 6-14 进行正确设计与加工，才可以防止漏气。

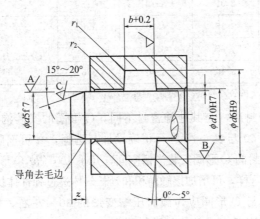

(a) 活塞杆密封

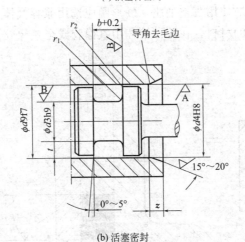

(b) 活塞密封

图 6-49　气动动密封（往复运动动密封）沟槽

4. 应该正确设计和加工真空静密封的沟槽

真空密封是一种特殊情况下的 O 形圈密封，被密封的系统压低于 1 标准大气压（$p_{atm} = 101.325 \text{kPa}$）。

表 6-14 气动动密封（径向压缩）沟槽尺寸

d_2（线径）	t（槽深）	$b+0.20$（槽宽）	z	r_1	r_2
1.80	1.55	2.30	1.5	$0.2\sim0.4$	
2.65	2.35	3.10	1.5		
3.55	3.15	4.20	1.8		$0.1\sim0.3$
5.30	4.85	6.40	2.7	$0.4\sim1.2$	
7.00	6.40	8.40	3.6		

注：沟槽深 t 的公差取为 $\phi d3h9+\phi d4H8$ 或 $\phi d5f7+d6H9$。

真空密封通常与其他静密封不同，O 形圈的安装沟槽尺寸要求应按照图 6-50 与表 6-15 进行正确设计与选择，才可以防止漏气。

真空密封的 O 形圈安装沟槽空间，几乎 100% 被 O 形圈变形后体积所充满，这样，可增加接触面积和延长气体透过弹性体扩散的时间。

真空密封 O 形圈应为截面压缩变形的 30% 左右，安装沟槽各表面光洁度应考虑比其他静密封要高。

安装时应使用真空油脂，O 形圈应选用兼容气体，低渗透性和低压缩形变的材料，在此，推荐用氟橡胶或全氟橡胶。

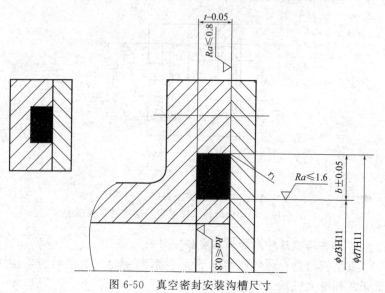

图 6-50 真空密封安装沟槽尺寸

表 6-15 真空密封安装沟槽尺寸

d_2	$t^{-0.05}$	$b^{0.05}$	r_1	r_2	d_2	$t^{-0.05}$	$b^{0.05}$	r_1	r_2
1.5	1.05	1.8	0.1	0.2	4.5	3.15	5.3	0.2	0.8
1.78	1.25	2.1	0.1	0.2	5	3.5	5.9	0.2	0.8
1.8	1.25	2.1	0.1	0.2	5.3	3.7	6.3	0.2	1
2	1.4	2.3	0.1	0.3	5.33	3.7	6.3	0.2	1
2.5	1.75	2.9	0.1	0.3	5.5	3.8	6.6	0.2	1
2.6	1.8	3	0.1	0.4	5.7	4	6.7	0.2	1
2.62	1.85	3.1	0.1	0.4	6	4.2	7.1	0.2	1
2.65	1.85	3.1	0.1	0.4	6.5	4.6	7.6	0.2	1
2.7	1.9	3.15	0.1	0.4	6.99	4.9	8.2	0.3	1
2.8	1.95	3.2	0.1	0.4	7	4.9	8.2	0.3	1
3	2.1	3.5	0.1	0.6	7.5	5.3	8.7	0.3	1
3.1	2.2	3.6	0.1	0.6	8	5.6	9.4	0.3	1
3.5	2.45	4.1	0.2	0.6	8.4	5.9	9.9	0.3	1
3.35	2.5	4.1	0.2	0.6	8.5	6	10	0.3	1
3.55	2.5	4.15	0.2	0.6	9	6.4	10.5	0.3	1
3.6	2.5	4.2	0.2	0.6	9.5	6.7	11.2	0.3	1
3.7	2.6	4.3	0.2	0.6	10	7.1	11.7	0.3	1
4	2.8	4.7	0.2	0.6					

5. 注意安装事项不良引起的漏气

① 是否按图纸加工有引入安装倒角。正确的安装倒角设计不好，从一开始安装就可能产生损伤，导致密封失效。由于 O 形圈安装时受挤压，所以设计 O 形圈导入过程中接触的零件时，必须遵守图 6-51、图 6-52 所规定的倒角和倒圆。倒角最小长度 z（O 形圈截面直径相关的函数），列于表 6-16 中。表 6-16 中导入倒角的表面粗糙度为：$Rz \leqslant 4.0\mu m$，$Ra \leqslant 0.8\mu m$。

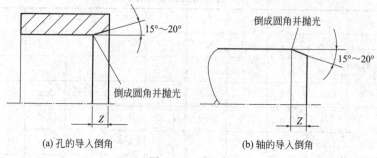

(a) 孔的导入倒角　　　(b) 轴的导入倒角

图 6-51　引入角

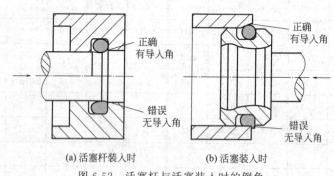

(a) 活塞杆装入时　　　(b) 活塞装入时

图 6-52　活塞杆与活塞装入时的倒角

表 6-16　导入倒角

导入倒角最小长度（Z_{min}）		O 形圈截面直径 d_2
15°倒角时	20°倒角时	
2.5	1.5	≤1.78
3.0	2.0	≤2.62
3.5	2.5	≤3.53
4.5	3.5	≤5.33
5.0	4.0	≤6.99
6.0	4.5	＞6.99

　　如图 6-53 所示，O 形圈装配通过横孔时也设置正确的导入角，否则安装时容易切破密封圈。O 形圈装入沟槽后应保证接触压力

为 0。

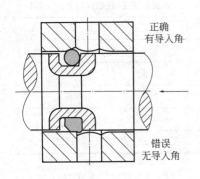

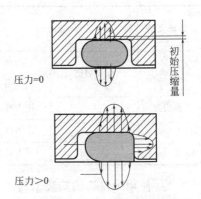

(a) 横截面上有通孔的导入角　　　　(b) O形圈装入沟槽后应保证的接触压力

图 6-53　有通孔的导入角与接触压力

② 在安装 O 形圈之前，应该进行去毛刺等检查：内径是否去除毛刺；锐边是否倒圆；加工残余（如碎屑、脏物、外来颗粒等）是否已去除；螺纹尖端是否已遮盖；密封件和零件表面是否已涂润滑油脂（要保证与弹性体材质兼容，推荐用所密封的流体来润滑，不得使用含固体添加剂的润滑脂，如二硫化钼、硫化锌）。

③ 密封表面粗糙度应该符合要求。在压力作用下，橡胶弹性体将贴紧不规则的密封表面，对气体的紧配合静密封，密封表面应满足一些基本的要求。密封表面上不得有开槽、划痕、凹坑、同心或螺旋状的加工痕迹。对于动密封，配合面的粗糙度要求更高。按照 DIN4768/和 ISO 1302 标准中对表面粗糙度的定义，对沟槽各个表面的粗糙度要求推荐如表 6-17 中的规定。

表 6-17　沟槽的表面粗糙度推荐值

负载类型	表面	表面粗糙度（接触区域若＞50%）	
		Ra	R_{max}
动密封	配合面	0.1～0.4	1.6
	沟槽槽底、槽侧面	1.6	6.3
	导入面	3.2	12.5

续表

负载类型	表面		表面粗糙度（接触区域若＞50％）	
			Ra	R_{max}
静密封	配合表面	压力脉动	0.8	6.3
		压力恒定	1.6	6.3
	沟槽槽底、槽侧面	压力脉动	1.6	6.3
		压力恒定	3.2	12.5
	导入面	压力脉动	3.2	12.5

④ 使用无锐边的安装工具。

⑤ 保证 O 形圈不扭曲，使用辅助工具保证正确定位。

⑥ 尽量使用安装辅助工具。

⑦ 不得过量拉伸 O 形圈。

⑧ 对于用密封条粘接成的 O 形圈，不得在连接处拉伸。

⑨ 当 O 形圈拉伸后，要通过螺纹、花键、键槽等时，必须使用安装心轴或套管，可以用较软的金属或塑料制成安装心轴或套管，套管不得有毛刺和锐边。

第七章

气动基本回路

第一节　压力控制回路

一、气源压力控制回路

1.回路工作原理

气源压力控制回路是指使空压机的输出压力保持在储气罐所允许的额定压力以下的回路。

如图 7-1 所示，其中部件 1、2 与 3 为气源三联件，由减压阀 2 供给支路系统一种稳定的工作压力 p_s，保持稳定的性能。当储气

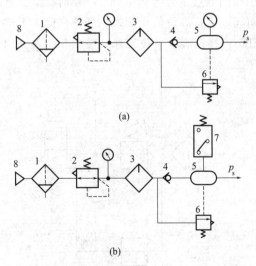

(a)

(b)

图 7-1　气源压力控制回路

1—过滤器；2—减压阀；3—油雾器；4—单向阀；5—储气罐；

6—溢流阀；7—压力开关；8—气源

罐 5 的出口压力超过了溢流阀 6 的调节压力 p_s 时,溢流阀 6 打开溢流排气,压力降下来,储气罐 5 的压力不再上升,溢流阀 6 控制储气罐 5 的最大允许压力。

2. 回路性能及故障分析

由于图 7-1 中的减压阀 2 具有调压与稳压功能,这种回路能输出大小稳定的调节压力 p_s,溢流阀 6 控制储气罐 5 的最大允许压力,起安全保护作用。

当回路出现不能调压和稳压故障时,可参阅"第四章"中提到的减压阀的内容予以故障排除;当回路出现不能限压起到安全保护作用时,可参阅"第四章"中提到的溢流阀的内容予以故障排除。

二、高低压控制回路

1. 回路工作原理

如图 7-2 所示,气源供给某一压力,经二个调压阀(调高点压力的调压阀 1 与调低点压力的调压阀 2)分别调到要求的高、低压力,利用换向阀 3 进行高、低压切换,即换向阀 3 上位工作,输出压力 p_2(低压);换向阀 3 下位工作,输出压力 p_1(高压),分别输出高、低压力。

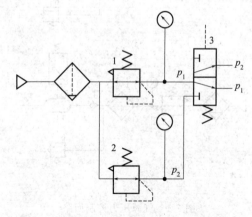

图 7-2 高低压控制回路

1—调高点压力的调压阀;2—调低点压力的调压阀;3—换向阀

2.回路性能及故障分析

当回路出现没有高压的情况时，检查图中调压阀 1 是否有故障，可参阅第四章　第二节"二、减压阀"中提到的内容予以故障排除；另外检查图中换向阀 3 是否存在没有换向到下工作位置故障。

当回路出现没有低压的情况时，检查图中调压阀 2 是否有故障，可参阅第四章　第二节"二、减压阀"中提到的内容予以故障排除；另外检查图中换向阀 3 是否因气控压力不正常而使换向阀 3 不能换向到上工作位置的故障。

三、多级压力控制回路

1.回路工作原理

在一些场合，需要根据负载的不同，设定低、中、高三种不同的工作压力，用到图 7-3(a) 所示的多级（三级）压力控制回路，以推动不同大小的负载。

图 7-3(a) 中，当 1DT 通电，进入气缸的压力为零；当 2DT、3DT、4DT 分别通电，进入气缸的压力则分别为 p_1、p_2 与 p_3，进入气缸 9 下腔使气缸克服弹簧力上行；当 1DT 通电时，气缸 9 下腔通过消声器 10 通大气，气缸下行。

图 7-3(b) 的回路中，当阀 8 的电磁铁通电，阀 8 上位工作，进入气缸的压力为 p_2；当阀 8 的电磁铁不通电，阀 8 下位工作，进入气缸的压力为 p_1。两种情况都由阀 9 控制气缸的换向。

2.回路性能及故障分析

图 7-3(a) 中，三种压力之间不能彼此切换时，可分别检查电磁铁 2DT、3DT 与 4DT 能否可靠通电。如果哪一个不能通电，相对应压力的压缩空气便不能进入单作用气缸的下腔推动活塞上行。当电磁铁 1DT 不能通电时，单作用气缸不能下行复位。

图 7-3(b) 的回路中，使用两个减压阀 2 与 3，是可变换两种压力控制回路。从高压到低压压力转换时，减压阀 2 必须是带有溢流装置的减压阀，因为如果溢流特性不好，则从高压转换成低压的响应性不好。

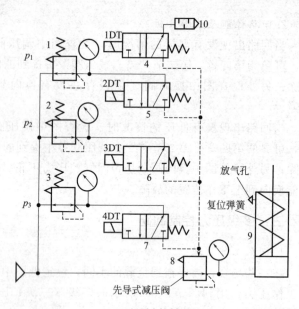

(a) 三级压力控制回路

1～3—直动式减压阀；4～7—二位三通电磁阀；8—先导式减压阀；
9—单作用气缸；10—消声器

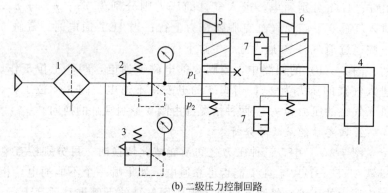

(b) 二级压力控制回路

1—过滤器；2，3—减压阀；4—气缸；5，6—电控阀；7—消声器

图 7-3　多级压力控制回路

四、气液增压回路

一般的气动元件，仅使用小于 1MPa 的空气压力，输出力有

限。如果要提高气缸的输出力，可采取增大气缸缸径的方法。但往往因设备尺寸的限制、费用成本及省能源等因素，不宜采用增大气缸缸径的方法，而采用图 7-4 所示使用气液增压器的方法，即采用气液增压回路的方法。

增压器一般使用在滚压设备、压铸设备、冲压设备等的润滑系统中。

1. 回路工作原理

在图 7-4(a) 中采用气液增压器 8 的回路中，可输出比初期压力高的液压压力，但输出流量很少，其回路工作原理可参考本书中图 3-15 与图 3-18 及图旁文字说明。

在图 7-4(b) 所示的使用气液增压器 8-1 的回路中，在上述的增压器中附加了气液转换器元件，其回路工作原理可参考本书中图 3-15 及图旁文字说明。当液压缸快速进给时，五通电磁换向阀 5-2 通电，到达增压位置时，电磁阀 5-1 通电。

油的输出压力是增压器的增压比值和减压阀 2（或单向减压阀 2-1）的空气设定值相乘所提到的压力。

2. 换向性能及故障分析

① 因增压器以后的液压回路是高压回路，故后续一般不能使用气动元件及气动配管，而应使用液压配管，且后续的元件不应再为气动元件，而应为液压专用元件。否则会出现管道破裂漏油的故障。

② 因为是气-液变换方式，空气容易混入油内，会使液压缸产生噪声和振动等故障。所以必须尽量降低使用频率。另外使用前应先确认规格参数。

五、残压排出安全控制回路

1. 回路工作原理

在对使用气动元件的设备进行保养、维修时，气动回路中还残留着气压，维修作业处于危险状态。为了安全，开始在气动回路中装入残压排出元件。

如图 7-5 所示，回路正常工作时，操作残压排出阀 5，使其上

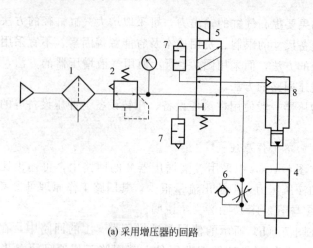

(a) 采用增压器的回路

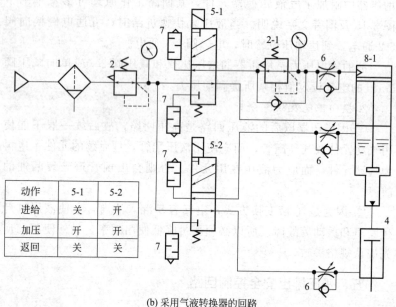

动作	5-1	5-2
进给	关	开
加压	开	开
返回	关	关

(b) 采用气液转换器的回路

图 7-4　气液增压回路

1—过滤器；2—减压阀；2-1—单向减压阀；3—油雾器；4—气缸；

5（5-1、5-2）—电控阀；6—单向节流阀；7—消声器；

8—增压器；8-1—气液转换器

位工作，减压阀来的压缩空气可进入电控阀 6。当电控阀 6 的电磁
铁未通电时，电控阀 6 下位工作，压缩空气→电控阀 6 下位→单向
节流阀 8 中的单向阀→气缸 9 的右腔，气缸 9 左行，气缸 9 左腔回
气→单向节流阀 7 中的节流阀→电控阀 6 下位→消声器 4→大气；
单向节流阀 7 中的节流阀调节气缸 9 左行的速度。

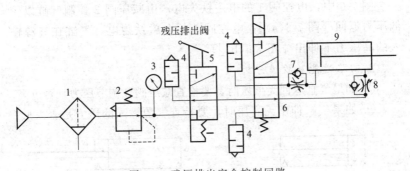

图 7-5　残压排出安全控制回路

1—过滤器；2—减压阀；3—压力表；4—消声器；5—残压排出阀（二位三通
手动换向阀）；6—电控阀；7,8—单向节流阀；9—气缸

当电控阀 6 的电磁铁通电时，电控阀 6 上位工作，压缩空气→
电控阀 6 上位→单向节流阀 7 中的单向阀→气缸 9 的左腔，气缸 9 右
行，气缸 9 右腔回气→单向节流阀 8 中的节流阀→电控阀 6 上位→消
声器 4→大气。单向节流阀 8 中的节流阀调节气缸 9 右行的速度。

在异常时，操作残压排出阀 5，使其下位工作，排出气缸回路
中的气压后，气缸 9 在外力作用下可任意移动，安全。

2. 回路性能及故障分析

① 气缸左位时不能排出残压时，要检查电控阀 6 是否已可靠
断电。如果确认已断电则要检查电控阀 6 阀芯是否卡死在通电位置
没能换向。最后检查单向节流阀 7 中的节流阀是否调节不当处于关
闭位置或者其阀芯卡死在关闭位置。

② 气缸右位时不能排出残压时，要检查电控阀 6 是否已可靠
通电。如果确认已断电则要检查电控阀 6 阀芯是否卡死在未通电位
置没能换向。最后检查单向节流阀 8 中的节流阀是否调节不当处于
关闭位置或者其阀芯卡死在关闭位置。

六、双压驱动回路

1.回路工作原理

在气动系统中，有时需要提供两种不同的压力，来驱动双作用气缸在两个不同方向上往返，因而采用双压驱动回路。

图 7-6 中，电控阀 1 的电磁铁失电，由减压阀 2 控制气缸以较低压力返回〔图 7-6(a)〕；电控阀 1 的电磁铁得电，气缸在气源输入的高压力下伸出〔图 7-6(b)〕。

2.回路性能及故障分析

① 如果气缸返回无低压时，要检查减压阀 2 调节压力是否过高。

② 如果气缸伸出无高压时，要检查气源输入的压力是否太低。

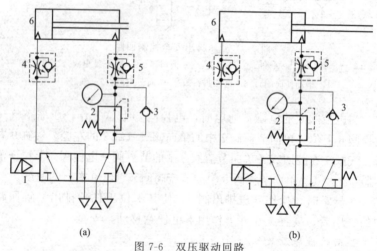

(a)   (b)

图 7-6 双压驱动回路

1—电控阀；2—减压阀；3—单向阀；4,5—单向节流阀；6—气缸

第二节 换向回路与中间停止回路

一、单作用气缸换向回路

1.回路工作原理

单作用气缸换向回路如图 7-7 所示，电磁阀的电磁铁 1DT 失

电，三通电控阀 5 回到初始状态，即下位工作，单作用气缸下腔的回气通过三通阀的下位通大气，气缸活塞杆在弹簧作用下向下退回[图 7-7(a)]；当电磁阀的电磁铁 1DT 得电，三通电控阀 5 换向，阀上位工作，压缩空气经电控阀 5 上位进入气缸下腔，作用在气缸活塞上的力压缩上腔弹簧使气缸上行，活塞杆向上伸出[图 7-7 (b)]。从而实现对单作用气缸换向动作的控制。

　　2.回路换向性能及故障分析

　　本回路出现的主要故障是气缸不动作与不换向。排除不换向故障从两处着手；对于直动式电控阀 5 处要检查其电磁铁能否通电，是电路还是电磁铁本身的故障造成不能通电，造成阀不动作；对于单作用气缸处，则要检查上腔的复位弹簧的弹簧力是否足够大，缸的活塞与活塞杆是否别住，或者缸上腔连通大气的小孔是否堵塞。

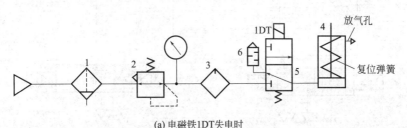

(a) 电磁铁1DT失电时

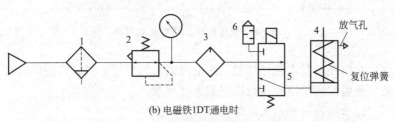

(b) 电磁铁1DT通电时

图 7-7　单作用气缸换向回路

1—过滤器；2—减压阀；3—油雾器；4—单作用气缸；5—电控阀；6—消声器

二、采用气控二位五通先导式电控阀的双作用气缸换向回路

1.回路工作原理

图 7-8 所示为采用气控二位五通先导式电控阀的换向控制回

路。图 7-8(a)，当电磁铁 2DT 通电时，气控二位五通阀右位工作，压缩空气经阀右位进气缸右腔，作用在气缸活塞右端面上的力推动活塞与活塞杆左行，气缸左腔的回气经二位五通阀的右位通大气；反之当图 7-8(b) 中 1DT 通电时，气控二位五通阀左位工作，压缩空气经阀左位进气缸左腔，作用在气缸活塞左端面上的力推动活塞与活塞杆右行，气缸右腔的回气经二位五通阀的左位通大气。从而实现对双作用气缸换向动作的控制。

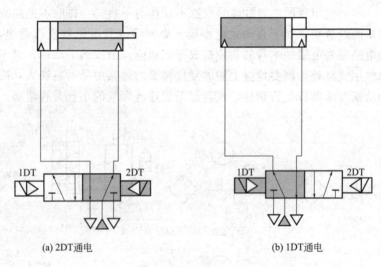

(a) 2DT通电   (b) 1DT通电

图 7-8　双作用气缸简易换向回路

双电控阀具有记忆功能，两电磁阀均失电时，气缸仍能保持在最后通电的那个电磁铁通电时的工作状态。

2. 回路换向性能及故障分析

图 7-8 所示的换向回路出现的主要故障是不换向。先导式电控阀由先导阀（直动式电控阀）与主阀（气控阀）组成。排除不换向故障从这两种阀着手：对于先导阀要检查其电磁铁能否通电，是电路还是电磁铁本身的故障，造成先导阀不动作；对于主阀则要检查其阀芯是否因某些原因卡死不换向，另外要查控制气口是否有压缩空气导入，并且控制压力要足够高。

三、采用中封式三位五通阀的换向控制回路

1.回路工作原理

图 7-9 为采用中位封闭职能的三位五通阀先导式电控阀换向的简化换向控制回路。图 7-9(a)，当两电磁铁均断电时，三位五通阀处于中位，气缸左右两腔处于封闭状态，无气流流动，气缸可停住不动；图 7-9(b)，当电磁铁 1DT 通电时，三位五通阀左位工作，气源来的压缩空气经阀左位进入气缸左腔，作用在气缸活塞左端面上的力推动活塞与活塞杆右行，缸右腔的回气经阀左位流回大气；图 7-9(c)，当电磁铁 2DT 通电时，三位五通阀右位工作，气源来的压缩空气经阀右位进入气缸右腔，作用在气缸活塞右端面上的力推动活塞与活塞杆左行，缸左腔的回气经阀右位流回大气。从而实现了气缸换向。

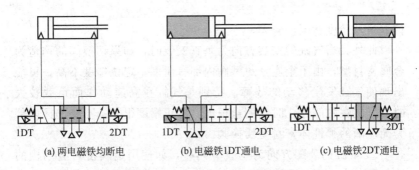

(a) 两电磁铁均断电　　　(b) 电磁铁1DT通电　　　(c) 电磁铁2DT通电

图 7-9　采用中位封闭职能的三位五通阀换向控制简化回路的原理

2.回路换向性能及故障分析

图 7-10 为采用中封式三位五通阀换向控制的详细回路，其换向性能及故障分析如下。

① 图中是使用中封型三位五通换向阀的换向回路，将切换阀置于中立位置时，所有气口均为封闭状态，可使气缸进行中途停止。

当气缸速度较低、负载条件较小时，气缸的中途停止的偏差量及其精度状况均较好；相反，当气缸在高速动作而负载较大时，其

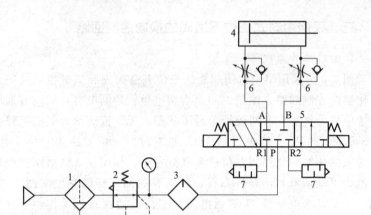

图 7-10　双作用型气缸的中途停止回路

1—过滤器；2—减压阀；3—油雾器；4—气缸；5—三位五通电控阀；
6—单向节流阀；7—消声器

偏差量及精度状况便较差。

此外，当气缸的安装方向为垂直安装时，如果切换阀的构造为金属密封型，由于金属密封型阀内部有泄漏，定位精度不高，可能出现使气缸发生移动的故障。特别是气缸在高速动作而负载较大时，气缸在中间停止时超调量很大，停止精度很差。需要选择内部为无泄漏的弹性体密封型切换阀。

② 气缸的装配方向为垂直方向时，如使用金属密封型结构的换向阀，由于空气泄漏和负荷自重，气缸会做下降移动，因此也必须选用无空气泄漏的弹性体密封结构的换向阀。另外必须注意，不仅仅是换向阀，配管系统的空气泄漏和气缸自身的内外部的空气泄漏也会使气缸活塞推力不平衡。

四、采用中泄式三位五通阀的换向控制回路

1.回路工作原理

图 7-11 为采用中泄式（ABR 连接）三位五通阀换向的简化换向控制回路。

图 7-11(a)，当两电磁铁均断电时，三位五通阀处于中位，在

供气口封起的同时，气缸两腔 A 与 B 口分别通过两排气口 R1 与 R2 向大气开放，这时可以撤去施加于气缸活塞上的力，进行中位停止，仅靠外力即可移动气缸。

图 7-11(b)，当电磁铁 1DT 通电时，三位五通阀左位工作，气源来的压缩空气经阀左位进入气缸左腔，作用在气缸活塞左端面上的力推动活塞与活塞杆右行，缸右腔的回气经阀左位流回大气。

图 7-11(c)，当电磁铁 2DT 通电时，三位五通阀右位工作，气源来的压缩空气经阀右位进入气缸右腔，作用在气缸活塞右端面上的力推动活塞与活塞杆左行，缸左腔的回气经阀右位流回大气。从而实现了气缸换向。

ABR 连接型的特征：中途停止时可以用外力来移动气缸。

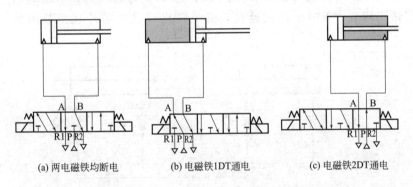

(a) 两电磁铁均断电　　　(b) 电磁铁1DT通电　　　(c) 电磁铁2DT通电

图 7-11　采用中泄式（ABR 连接）三位五通阀换向的简化换向控制回路

2. 回路换向性能及故障分析

图 7-12 为采用中泄式（ABR 连接）的三位五通阀换向控制的详细应用回路，其换向性能及故障分析如下。

① 使用 ABR 连接形式（排气中心）的三位五通电磁阀 5，当电磁阀处于非通电的中间位置时，对供气口关闭的同时，气缸的左右两腔的压缩空气排向大气，如果不对活塞施加另外的外力，可停止在中间位置。但如果稍有外力可移动气缸，气缸活塞杆此时可以任意推动，呈浮动状态。

② 当气缸为水平安装时，由于惯性的作用而使气缸的中途停止状况较差；

③ 当气缸垂直安装时，换向阀处于中间位置，受负荷重量的影响，气缸活塞会因自重产生自动下落的故障，所以从安全方面考虑，当气缸垂直安装时不能使用这种中泄式的换向阀回路。

④ ABR 连接形式的换向阀和其他的换向阀装配在同一集成块上的场合，中间停止时，因排气口和气缸的输出口相通，其他换向阀回路的排气会窜入，使气缸动作，所以当采用集成阀时，必须使用单独排气回路。

⑤ 气缸从中间停止到再启动时，因排气侧没有压力，这时，必须注意气缸的跳出现象与前冲现象的故障。排除方法可在进气回路中安装进气调速的单向节流阀（6-2），通过对其中节流阀的适当调节，以减缓控制速度，避免跳出现象与前冲现象故障的产生。

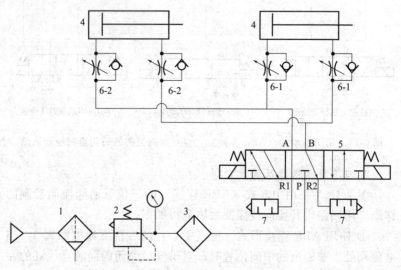

图 7-12　采用中泄式（ABR 连接）的三位五通阀换向控制的详细应用回路

1—过滤器；2—减压阀；3—油雾器；4—气缸；5—三位五通电控阀；

6—单向节流阀；7—消声器

五、采用中压式三位五通阀的换向控制回路

1. 回路工作原理

图 7-13 为采用中压式（PAB 连接）三位五通阀换向的简化换向控制回路。

图 7-13(a)，当两电磁铁均断电时，三位五通阀处于中位，在供气口 P 同时向气缸两腔 A 与 B 口供气，气缸活塞左右两腔内被空气充填满，当左右推力平衡时，活塞停在中间，同时由于两个排气口 R1 与 R2 被封闭，因此气缸可在中位停止。

图 7-13(b)，当电磁铁 1DT 通电时，三位五通阀左位工作，气源来的压缩空气经阀左位进入气缸左腔，作用在气缸活塞左端面上的力推动活塞与活塞杆右行，缸右腔的回气经阀左位流回大气。

图 7-13(c)，当电磁铁 2DT 通电时，三位五通阀右位工作，气源来的压缩空气经阀右位进入气缸右腔，作用在气缸活塞右端面上的力推动活塞与活塞杆左行，缸左腔的回气经阀右位流回大气。从而实现了气缸换向。

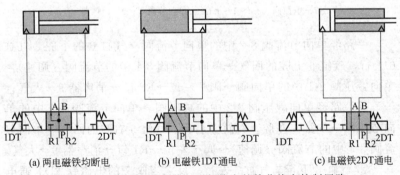

(a) 两电磁铁均断电　　　(b) 电磁铁1DT通电　　　(c) 电磁铁2DT通电

图 7-13　采用中压式三位五通阀换向的简化换向控制回路

图 7-14 为采用中压式（PAB 连接）的三位五通阀换向控制的详细应用回路，其回路工作原理如下。

① 气缸 6 上行与气缸 5 右行。当阀 7 的电磁铁 1DT 通电时，阀 7 左位工作，气源来的压缩空气→过滤器 1→减压阀 2→阀 7 左位后，分成两路：

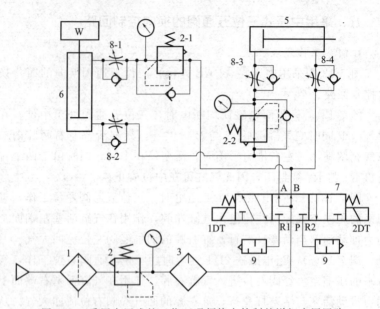

图 7-14　采用中压式的三位五通阀换向控制的详细应用回路

1—过滤器；2—减压阀；2（2-1、2-2）—单向减压阀；3—油雾器；5,6—气缸；
7—电控阀；8（8-1～8-4）—单向节流阀；9—消声器

一路经单向节流阀 8-2 中的单向节流阀→气缸 6 的下腔，气缸 6 上行，气缸 6 上腔的回气→单向节流阀 8-1 中的节流阀（调速）→单向减压阀 2-1 中的单向阀→阀 7 左位→R2 口→消声器 9→大气；

另一路经单向减压阀 2-2 中的减压阀→单向节流阀 8-3 中的单向节流阀→气缸 5 左腔，气缸 5 右行，气缸 5 右腔的回气→单向节流阀 8-4 中的节流阀（调速）→阀 7 左位→R1 口→消声器 9→大气。

② 气缸 6 下行与气缸 5 左行。反之当阀 7 的电磁铁 2DT 通电时，阀 7 右位工作，气源来的压缩空气→过滤器 1→减压阀 2→阀 7 右位后，分成两路：

一路经单向减压阀 2-1 中的减压阀→单向节流阀 8-1 中的单向阀→气缸 6 的上腔，气缸 6 下行，气缸 6 下腔的回气→单向节流阀 8-2 中的节流阀（调速）→阀 7 右位→R1 口→消声器 9→大气。

另一路经单向节流阀 8-4 中的单向阀→气缸 5 右腔，气缸 5 左行，气缸 5 左腔的回气→单向节流阀 8-3 中的节流阀（调速）→单向减压阀 2-2 中的单向阀→阀 7 右位→R1 口→消声器 9→大气。

③ 当电磁铁 1DT 与 2DT 均不通电时，阀 7 中位工作。这时气缸 6 的上、下腔与气缸 5 的左、右腔均通气源来的压缩空气。如果单向减压阀 2-1 与单向减压阀 2-2 中的减压阀的压力均调节得当，气缸 6 与气缸 5 可中位停止不动，否则会产生动作乃至飞出。

2．回路换向性能及故障分析

采用中压式（PAB 连接）的三位五通阀换向控制的详细应用回路中，其换向性能及故障分析如下。

① 在该回路中，气缸为水平安装时，不会像使用 ABR 连接型三位阀那样在从中位停止重新启动时会发生飞出现象。PAB 连接型一般中位停止后重新启动时不会飞出，但如果没有考虑气缸活塞两端面上产生的输出力不平衡的问题，即气缸活塞两端面作用面积不相等，而通入同样大小的气压，无杆腔活塞端面上受到力大，有杆腔活塞端面上受到力小，力的不平衡会使气缸向有杆腔一侧移动，活塞杆仍然会向前伸出。而且有杆腔的回气也进入无杆腔，更加快了气缸右行速度，因此在无杆腔的进气侧，需加装带单向阀的减压阀 2-1，并适当调节降低减压阀的出口压力，使进入气缸无杆腔的压力降下来，在气缸和换向阀之间进行减压，从而使无杆腔活塞端面上受力与有杆腔活塞端面上受力平衡，受力平衡便不会使气缸向有杆腔一侧移动。

② 此回路当中间停止后再启动时，气缸内排气侧因有确保气压，故气缸不会飞出。但缺点是在中间停止受外力作用或负荷发生变化时，中间停止位置仍会发生变化。

六、气缸中间停止回路

1．锁紧气缸控制的气缸中间停止回路

（1）回路工作原理　锁紧气缸控制的气缸中间停止回路的工作原理如图 7-15 所示。控制锁紧气缸的回路中，采用了一个驱动气缸用的换向阀是中位 PAB 连接形的三位五通电磁阀 6，以及为平衡气缸推力用的单向减压阀 3，还有释放气缸锁紧器的二位三通电磁阀 4。当气缸在中间停止时，PAB 连接形的三位五通电磁阀 6 不通电，气缸的活塞室内两侧被压缩空气充填，在推力平衡的同时，锁紧机构释放，电磁阀 4 断电把锁紧装置内空气排出，锁紧机构结构以 0.8MPa 时气缸推力的两倍来锁紧活塞杆。

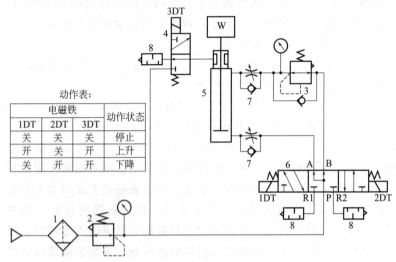

图 7-15　锁紧气缸控制的气缸中间停止回路的工作原理

1—过滤器；2—减压阀；3—单向减压阀；4—二位三通电磁阀；5—带锁紧器的气缸；
6—三位五通电磁阀；7—单向节流阀；8—消声器

（2）回路性能及故障分析　为了更有效地提高气缸停止精度，应缩短释放换向阀的应答时间，以及减少响应时间的标准偏差。停止精度可用下式算出：停止位置偏差＝全体锁紧控制系统的综合响应时间偏差×气缸速度。

气缸的速度越低，停止精度越高，但此时可能出现"爬行"现象。一般低速速度应大于 50mm/s 才可能不出现"爬行"现象。

2. 气液转换控制的气缸中间停止回路

（1）回路工作原理　气液转换控制的气缸中间停止回路的工作原理如图 7-16 所示。

如上所述在只用气动元件构成的速度控制回路中，会使低速（50mm/s 以下）产生"爬行"和中间停止精度差的故障。所以回

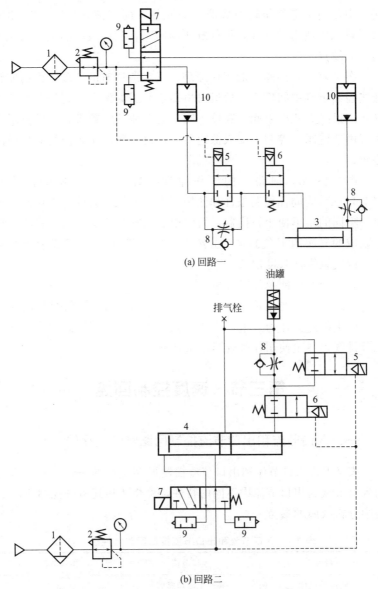

(a) 回路一

(b) 回路二

图 7-16 气液转换控制的气缸中间停止回路

1—过滤器；2—减压阀；3,4—气液阻尼气缸；5—外部先导式二通跳跃式电磁阀；
6—停止阀；7—二位五通直动式气动阀；8—单向节流阀；9—消声器；10—气液转换器

路一中使用了把气压转换成液压的元件，即气液转换器 13。也有如回路二中使用的气液阻尼气缸 4 的回路，利用液压的优点来克服气压的缺点。

图 7-16(a) 回路一的工作原理：气缸前进时的速度，由高速到低速控制再到中间停止，后退时由高速后退的例子。首先，外部先导式二通跳跃式电磁阀 5 和停止阀 6 通电使气缸前进，然后关闭跳跃阀由节流阀 8 控制，变成低速前进，再关闭停止阀使气缸在中间停止。

图 7-16(b) 回路二的工作原理：图 7-16(b) 中的回路与图 7-16(a) 为同样控制条件和使用了同样的控制元件，工作原理相似。不同的是不使用转换器，而使用了气缸和两侧封入油的液压缸串联成的气液阻尼气缸 4，虽然有空气和液压部不直接接触的优点，但气缸纵向长度加长。

(2) 回路性能及故障分析

回路一中主要是转换器内空气和油不断接触，空气容易混入油内，产生故障。作为对策，应使用比气缸径大的转换器，并应进行充分排气，尽量使用在气缸速度很低的场合。

第三节　速度控制回路

一、入口节流和出口节流控制回路特性的比较

表 7-1 为入口节流和出口节流控制回路特性的比较。此表所列的入口节流与出口节流中不同的特性，可作为后述各种控制速度回路中分析故障的参考。

表 7-1　入口节流和出口节流控制回路特性的比较

特性	入口节流	出口节流
低速平稳性	易产生低速爬行	好
阀的开度与速度	没有比例关系	有比例关系
惯性的影响	对调速特性有影响	对调速特性影响很小

特性	入口节流	出口节流
启动延时	小	与负载率成正比
启动加速度	小	大
行程终点速度	大	约等于平均速度
缓冲能力	小	大

二、单作用气缸的速度控制回路举例

单作用型气缸仅将空气供给活塞的单侧，只形成单向的输出控制。由于返回时利用内置弹簧力或自重来复位，因此同双作用型气缸相比空气的消耗量较小。

其缺点是由于内置了返回弹簧，因此行程方向变长。另外，由于返回弹簧的原因使气缸输出随行程而变化。

1.回路工作原理分析

图 7-17 所示为单作用气缸速度控制的简化回路。图 7-17（a）为入口节流，单作用气缸右行前进时，因单向节流阀中的单向阀 I1 此时反向截止不通，压缩空气只能通过单向节流阀中的节流阀 L1 进入单作用气缸中，实现入口节流。

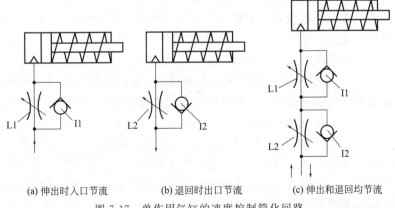

(a) 伸出时入口节流　　　(b) 退回时出口节流　　　(c) 伸出和退回均节流

图 7-17　单作用气缸的速度控制简化回路

图 7-17(b) 为出口节流，单作用气缸左行返回时，因单向节流阀中的单向阀 I2 此时反向截止，单作用气缸的回气可通过单向节流阀中的节流阀 L2 节流流出单作用气缸，实现出口节流。

图 7-17(c) 为伸出和退回均节流：进气→单向阀 I2→节流阀 L1（因单向阀 I1 此时反向截止不通）→进入单作用气缸中，实现入口节流，单作用气缸右行前进；当单作用气缸左行返回时，气缸左腔排气→单向阀 I1→节流阀 L2（因单向阀 I2 此时反向截止不通）→回气。

图 7-18 所示为单作用气缸的详细速度控制回路。图 7-18(a)，当速度控制回路电控阀 5 的电磁铁 1DT 通电时，电控阀 5 上位工作，从气源来的压缩空气→过滤器 1→减压阀 2→油雾器 3→电控阀 5 上位→单向节流阀 6-1 中的节流阀进入单作用气缸 7 中，为入口节流控速。进入缸中的压缩空气压缩弹簧，实现气缸上行。

图 7-18(b)，当速度控制回路电控阀 5 的电磁铁 1DT 断电，电控阀 5 下位工作，单作用气缸 7 中的弹簧使气缸 7 复位，气缸 7 中的回气→单向节流阀 6-2 中的节流阀→电控阀 5 下位→消声器 4→大气，使气缸下行，为出口节流。

图 7-18(c) 的工作原理基本与图 7-18(b) 相同，当速度控制回路电控阀 5 的电磁铁 1DT 断电，电控阀 5 下位工作，单作用气缸 7 中的弹簧使气缸 7 复位下行，气缸 7 中下腔的回气→单向节流阀 6-2 中的节流阀→电控阀 5 下位→节流阀 8→消声器 4→大气，使气缸下行，为出口节流。

2. 回路性能及故障分析

① 单作用气缸只需单侧向活塞提供气压，所以只有一个方向运动能进行气压控制。反向复位靠内藏弹簧的弹力、负荷的自重或外力。与双作用气缸相比，气压消耗量只需一半。

② 因内藏弹簧，随着行程的方向变长的同时，气缸的输出力会随之变化。还有当水平、垂直、朝下的各种场合复位时，由于负荷的问题，可能会出现靠弹簧力量不能复位的故障。所以必需确认复位弹簧的力是否合适。

③ 控制单作用气缸速度时，如对单作用气缸活塞杆向上推出

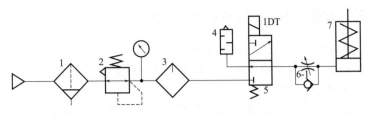

(a) 入口节流

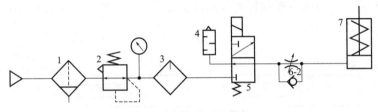

(b) 单向节流阀出口节流

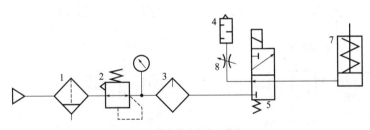

(c) 排气节流阀出口节流

图 7-18　单作用气缸的详细速度控制回路

1—过滤器；2—减压阀；3—油雾器；4—消声器；5—电控阀；

6 (6-1、6-2)—单向节流阀；7—气缸；8—节流阀

时，则应把速度控制阀设置成进气节流回路，如图 7-18(a)，对供给空气量进行节流。

④ 缩回时速度控制应把速度控制阀设置成排气节流回路，如图 7-18(b)，或在三通电磁阀 5 的排气口设置节流阀 8，对排出量进行节流。

这些单作用气缸的速度调整，比双作用气缸的精度低。

三、双作用气缸的速度控制回路举例

1.双作用气缸的速度控制简易回路

（1）回路工作原理分析　双作用型气缸是利用气压来使活塞进行前进或后退运动的气缸。

双作用型气缸对方向控制的简易回路如图 7-19 所示：图 7-19 （a）采用入口节流速度控制，图 7-19（b）采用出口节流速度控制，均用二位五通电控阀控制气缸的左右运动，电控阀不通电时气缸左行，否则右行。

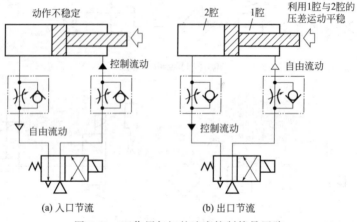

(a) 入口节流　　　　(b) 出口节流

图 7-19　双作用气缸的速度控制简易回路

（2）回路性能及故障分析　图 7-20 所示使用二位五通的方向控制阀。在这种场合下，气缸只能进行前进与后退的控制，而不能中途停止。若要中途停止，则需如使用三位五通阀。

2.双作用气缸的速度控制详细回路举例

图 7-20 所示为双作用气缸的速度控制详细回路。

（1）回路工作原理分析

① 双作用气缸的基本速度控制回路，在图 7-20 中的回路 1 中，使用了二位五通电控阀 7 和气缸 5，配管中间把速度控制阀（单向节流阀 6-1）设置成排气节流回路，通过对气缸排气侧的空气流量

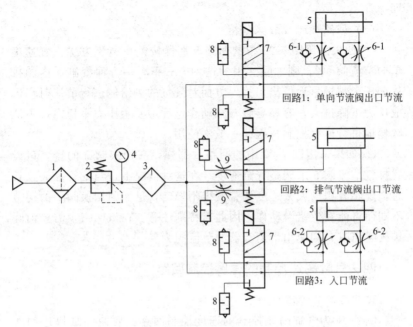

图 7-20　双作用气缸排气节流速度控制详细回路

1—过滤器；2—减压阀；3—油雾器；4—压力表；5—气缸；6（6-1、6-2）—单向
节流阀；7—二位五通电控阀；8—消声器；9—节流阀

进行节流来调整气缸速度。速度控制阀尽量靠近气缸安装时，可使气缸速度稳定。

② 在图 7-20 中的回路 2 中，二位五通电控阀 7 的排气口处装节流阀 9，通过这种方式来调整气缸速度。但因电磁阀和气缸间的配管内径及长度的影响，排气量比回路 1 中的气缸排气量要多，成为速度不稳定的原因。但节流阀 9 和消声器 8 制成一体后，使用带消声器的可调节流阀较方便。

③ 在图 7-20 中的回路 3 中，速度控制阀（单向节流阀 6-2）装在进气节流回路中，因气缸排气侧气压快速排出，而气缸供气侧空气流量因被节流来不及供给发生涉后现象，所以气缸速度不稳定，一般不使用这种方式。另外特别是当气缸垂直装配的场合，下降方向气缸速度的控制靠负荷自重落下的话不能使用进气节流

回路。

（2）回路性能及故障分析

① 如果采用图 7-20 中的回路 3 那样按入口节流方式设置速度单向节流阀 6-2，则不妥。因为这种方式下，一方面气缸 5 内的排气侧压力被过早地排出，另一方面对气缸的供给侧进行节流时会造成压力下降过大，容易导致气缸动作过程中发生压力不稳定，不能顺畅地进行速度控制，因此一般不使用。

② 如果采用图 7-20 中的回路 2 那样，在切换阀 7 的排气口设置排气节流阀 9 来调整气缸速度，在这种情况下，当配管径大且长时，配管容积增大，速度调整变得不稳定，进而因切换阀 7 的构造不同而可能发生错误动作，因此需特别注意。在该回路中需要消除排气噪声时，则使用带消音器的节流阀为妥。

四、气缸高速控制的速度控制回路

1. 回路工作原理

图 7-21 为气缸高速控制的速度控制回路。要使气缸快速动作时，可使用快速排气阀。如果不使用快速排气阀的回路，为了适应其高速度必须选择具有大排气量的配管和气动元件。如果使用快速排气阀只需小的配管和气动元件就可以达到所需速度，属经济型回路。

图 7-21(a) 为气缸前进与后退均为快速的速度控制回路，当电控阀的电磁铁 1DT 通电时，电控阀左位工作，压缩空气→电控阀左位→快排气阀 1→气缸无杆腔，气缸有杆腔的回气→快排气阀 2→大气，实现气缸快速前进；反之当电控阀的电磁铁 1DT 断电时，电控阀右位工作，压缩空气→电控阀右位→快排气阀 2→气缸有杆腔，气缸无杆腔的回气→快排气阀 1→大气，实现气缸快速后退。

图 7-21(b) 为气缸仅后退为快速的速度控制回路，当电控阀的电磁铁 1DT 通电时，电控阀左位工作，压缩空气→电控阀左位→快排气阀 1→气缸无杆腔，气缸有杆腔的回气→节流阀 L→电控阀左位→大气，实现气缸慢速前进；反之当电控阀的电磁铁

1DT 断电时，电控阀右位工作，压缩空气→电控阀右位→单向阀 I→气缸有杆腔，气缸无杆腔的回气→快排气阀 1→大气，实现气缸快速后退。

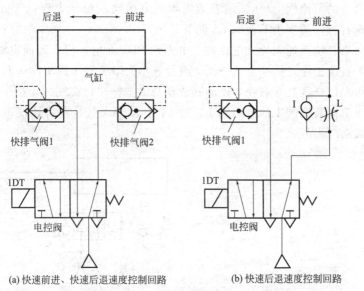

图 7-21 气缸高速控制的速度控制回路

2.回路性能及故障分析

① 气源来的压缩空气量不够，会影响快排速度。

② 电控阀的电磁铁通断电不正常，电控阀换向不到位，会产生有关故障。

五、气缸高低速可切换控制的速度控制回路

图 7-22 为气缸高低速可切换控制的速度控制回路，利用高、低速两个节流阀实现高、低速切换，图中节流阀 3 调节为高速，节流阀 L2 调节为低速。

当二位五通先导式电控阀 7 电磁铁 SD1 未通电时，阀 7 左位工作，压缩空气→阀 7 左位→单向节流阀 1 的单向阀 I1→气缸 5 左腔，推动其活塞及活塞杆右行。气缸 5 右腔回气有两种情况：当二

位三通电控阀 4 通电时，气缸 5 右腔回气→阀 4 左位→节流阀 3→消声器 6→大气，气缸 5 向右高速右行，速度由节流阀 3 调节；当二位三通电控阀 4 不通电时，气缸 5 右腔回气→阀 4 左位→单向节流阀 2 的节流阀 L2→二位五通先导式电控阀左位→大气，气缸 5 低速右行，速度由节流阀 L2 调节。

当二位五通先导式电控阀 7 电磁铁 SD1 通电、SD2 未通电时，阀 7 右位工作，压缩空气→阀 7 右位→单向节流阀 1 的单向阀 I2→阀 4 左位→气缸 5 右腔，推动其活塞及活塞杆左行，气缸 5 左腔回气→单向节流阀 1 的节流阀 L1→阀 7 右位→大气，左行速度由节流阀 L1 调节。

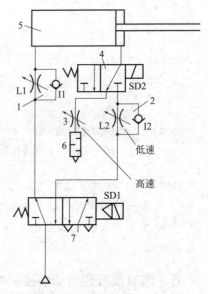

SD1	SD2	气缸速度
−	−	0
+		低速
+	+	高速

图 7-22　气缸高低速可切换控制的速度控制回路
1—单向节流阀；2—单向节流阀；3—节流阀；4—二位三通电控阀；
5—气缸；6—消声器；7—二位五通先导式电控阀

六、高低速可变控制回路

如图 7-23 所示，在气缸行程中间安装减速位置检测传感器，由位置检测传感器的信号对减速回路的电磁阀进行通断电切换，从而对气缸进行高速、低速可变控制。

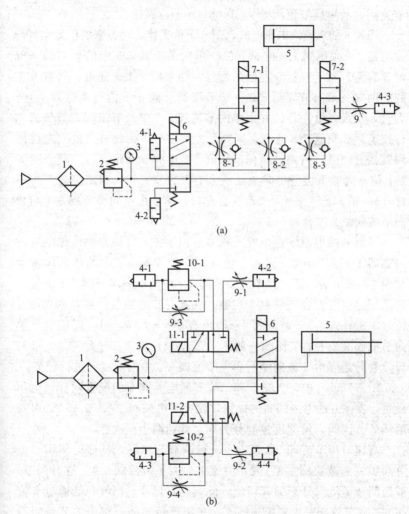

图 7-23　高、低速可变控制回路举例

1—过滤器；2—减压阀；3—压力表；4（4-1～4-4）—消声器；5—气缸；6—二位五通电控阀；7（7-1,7-2）—二位二通电控阀；8（8-1～8-3）—单向节流阀；9（9-1～9-4）—节流阀；10（10-1,10-2）—溢流阀；11（11-1,11-2）—二位三通电控阀

图 7-23(a) 中气缸 5 和二位五通电控阀 6 的配管之间，设置分歧管，在分歧管处设置二位二通电控阀 7（7-1、7-2），并串联设置节流阀 9 及单向节流阀 8（8-1～8-3）进行调速。

当阀 6 的电磁铁未通电时，阀 6 下位工作，气源来的压缩空气→过滤器 1→减压阀 2→阀 6 下位→单向节流阀 8-3 中的单向阀→气缸 5 右腔。对于气缸 5 左腔的回气：如果阀 7-2 未通电，气缸 5 左腔的回气→单向节流阀 8-2 中的节流阀→阀 6 下位→消声器 4-1→大气，实现气缸左行，并由单向节流阀 8-2 中的节流阀调节气缸左行速度；如果阀 7-2 通电，则阀 7-2 上位工作，此时气缸 5 左腔的回气兵分两路，一路经单向节流阀 8-2 中的节流阀，另一路经阀 7-2 上位→阀 6 下位→单向节流阀 8-1 中的节流阀，两路汇总（集中排气）→消声器 4-1→大气，气缸左行，速度由单向节流阀 8-1 与单向节流阀 8-2 综合控制。

当阀 6 的电磁铁通电时，阀 6 上位工作，气源来的压缩空气→过滤器 1→减压阀 2→阀 6 上位→单向节流阀 8-2 中的单向阀或者在阀 7-1 通电时，还可经单向节流阀 8-1 中的单向阀→阀 7-1 上位→两路压缩空气汇合→气缸 5 左腔。气缸右腔的回气一路经阀 7-2 上位（电磁铁通电）→节流阀 9→消声器 4-3→大气，另一路回气→单向节流阀 8-3 中的节流阀→阀 6 上位→消声器 4-2→大气，气缸右行，右行速度由节流阀 9 与单向节流阀 8-3 中的节流阀进行调节。

图 7-23(b) 中，气缸 5 和二位五通电控阀 6 的配管间什么也不设置，二位五通电控阀 6 的排气口设置了电控阀 11-1 与 11-2，以及后续的节流阀，使速度控制分为高、低速两个层次。

高速时用节流阀 9-1 或 9-2 进行调节与控制，低速时使用"溢流阀 10-1＋节流阀 9-3"或"溢流阀 10-2＋节流阀 9-4"进行调节，适当调整溢流阀开启的背压值，此阀先不打开，回气只能通过节流阀 9-3 或节流阀 9-4 来控制低速。在溢流阀辅助回路中的节流阀除了同溢流阀共同进行排气侧流量调整外，还有排出气缸终端的残压功能，该回路与图 7-23(a) 相比较能够进行高精度速度控制。

考虑装置的安全性，在非正常停止、停电等电源被切断的情况下，换向阀必须采用能向低速侧进行切换的形式。

当阀 6 不通电时，阀 6 下位工作，气源来的压缩空气→过滤器 1→减压阀 2→阀 6 下→位→气缸 5 右腔，气缸 5 左腔的回气→阀 6 下位，此时如果二位三通电控阀 11-1 也不通电，阀 6 下位来气→节流阀 9-1→消声器 4-2→大气，实现高速。

如果二位三通电控阀 11-1 不通电，阀 11-1 右位工作，阀 6 下位来气→阀 11-1 右位后，一路到溢流阀 10-1，一路经节流阀 9-3→消声器 4-1→大气，此时气缸左行，由节流阀 9-3 调节运行速度；另外如果二位三通电控阀 11-1 通电，阀 11-1 左位工作，阀 6 下位回气→阀 11-1 左位→节流阀 9-1→消声器 4-2→大气，此时气缸运行速度加快，节流阀 9-1 的阀开口比节流阀 9-3 的阀开口调得大。

反之当阀 6 通电时，阀 6 上位工作，读者不难推出回路下部气缸右行的工作原理。

第八章

气动系统的维修

第一节　气动系统的维护工作

一、气动系统维护的要点

（1）保证供给洁净的压缩空气　压缩空气中通常都含有水分、油分和粉尘等杂质。水分会使管道、阀和气缸腐蚀；油分会使橡胶、塑料和密封材料变质；粉尘造成阀体动作失灵。

选用合适的过滤器，可以清除压缩空气中的杂质，使用过滤器时应及时排除积存的液体，否则当积存液体接近挡水板时，气流仍可将积存物卷起。

（2）保证空气中含有适量的润滑油　大多数气动执行元件和控制元件都要求适度的润滑。如果润滑不良则会发生以下故障：

① 由于摩擦阻力增大而造成气缸推力不足，阀芯动作失灵；

② 由于密封材料的磨损而造成空气泄漏；

③ 由于生锈造成元件的损伤及动作失灵。

润滑的方法一般采用油雾器进行喷雾润滑，油雾器一般安装在过滤器和减压阀之后。油雾器的供油量一般不宜过多，通常每 $1m^3$ 的自由空气供 5L 的油量（即 $40\sim50$ 滴油）。检查润滑是否良好的一个方法是：找一张清洁的白纸放在换向阀的排气口附近，如果阀在工作三至四个循环后，白纸上只有很轻的斑点，则表明润滑是良好的。

（3）保持气动系统的密封性　漏气不仅增加了能量的消耗，也会导致供气压力的下降，甚至造成气动元件工作失常。严重地漏气在气动系统停止运行时，由漏气引起的响声很容易发现；轻微地漏气则利用仪表或用涂抹肥皂水的办法进行检查。

（4）保证气动元件中运动零件的灵敏性　从空气压缩机排出的压缩空气，包含有粒度为 $0.01\sim0.8\mu m$ 的压缩机油微粒，在排气温度为 $120\sim220\degree C$ 的高温下，这些油粒会迅速氧化，氧化后油粒颜色变深，黏性增大，并逐步由液态固化成油泥，这种 μm 级以下的颗粒，一般过滤器无法滤除，当它们进入到换向阀后便附着在阀芯上，使阀的灵敏度逐步降低，甚至出现动作失灵。为了清除油泥，保证灵敏度，可在气动系统的过滤器之后，安装油雾分离器，将油泥分离出来，此外，定期清洗阀也可以保证阀的灵敏度。

（5）保证气动装置具有合适的工作压力和运动速度调节　工作时，压力表应当工作可靠，读数准确。减压阀与节流阀调节好后，必须紧固调压阀盖或锁紧螺母，防止松动。

二、定期维护保养的实施

1. 定期维护的实施内容

定期维护的实施内容根据使用条件及使用环境而定，很难一概而论。包括：

① 合理地制定日常检查和定期检查计划：在参考厂家说明书、数据等的基础上，可制定类似表 8-1 的表格，表中给出了对一个气动设备定期维护保养的实例，将表中有关内容和记录填写进去。制作这种具体的检查表来进行日常的预防保养管理是很重要的。

② 针对发生故障前后的具体情况，做好具体气动元件或装置的相关注意事项，制定具体的预防措施。

③ 实施故障对策及修理内容（修理的零件及修理方法）。

2. 做好日常维护工作

① 冷凝水排放。冷凝水排放涉及整个气动系统，从空压机、后冷却器、气罐、管道系统及空气过滤器、干燥机和自动排水器等。在作业结束时，应将各处冷凝水排放掉，以防夜间温度低于零度，导致冷凝水结冰。由于夜间管道内温度下降，会进一步析出冷凝水，故气动装置在每天运转前，也应将冷凝水排出，注意查看自动排水器是否工作正常，水杯内不应存水过量。

② 检查润滑油。在气动装置运转时，应检查油雾器的滴油量

是否符合要求，油色是否正常，即油中不应混入灰尘和水分等。

③ 空压机系统的管理。是否向后冷却器供给了冷却水（水冷式）、空压机是否有异常声响和异常发热、润滑油油位是否正常。

④ 每天必须对过滤器按表 8-1 进行检查。

表 8-1　过滤器每天的检查

部位	序号	检查项目	检查方法和判定标准
过滤器	1	检查是否有排放物堆积	清洗过滤器时,检查是否有排放物堆积在过滤套内
	2	检查过滤套是否损坏和内部是否有污渍	清洗过滤器时,检查过滤套是否损坏和内部是否有污渍
	3	检查变流装置	取下过滤套,目视检查变流器是否破裂、有裂缝或损坏
	4	检查滤芯	取下滤芯,检查是否有污垢和堵塞
	5	检查隔板	移开过滤套,取下隔板和检查是否有污垢、裂缝或变形
	6	检查过滤器的安装角度	采用测量仪器检查过滤器是否垂直安装
	7	检查管子安装部位是否漏气	用肥皂水检查管子接头是否漏气

3.做好经常性的定期（每月、每季度）维护工作

定期维护工作可分为每周、每月、每季度进行的维护工作，维护工作应有记录。

每周维护工作的主要内容是漏气检查和油雾器管理，漏气检查见表 8-2 所示。漏气检查应在白天车间休息的空闲或下班后进行。这时，气动装置已经停止工作，车间内噪声小，但管道内还有一定压力，可根据漏气声发生的位置确定泄漏处。严重泄漏处必须立即处理，如软管破裂、连接处松动等，其他泄漏应做好记录。

油雾器最好每周补油一次。每次补油应注意油量消耗情况，如耗油过多或过少时应检查滴油数是否正常，如滴油数不正常请选用合适的油雾器。

每月、每季度的检查维护工作则增加相应内容，例如每季度的点检维护工作见表 8-3 所示。

表 8-2　气动系统的泄漏部位和泄漏原因

泄漏部位	泄漏原因
管子连接部位	连接部位松动
管接头连接部位	接头松动
软管	软管破裂或被拉脱
空气过滤器的排水阀	灰尘嵌入
空气过滤器的水杯	水杯龟裂
减压阀的阀体	紧固螺钉松动
减压阀的溢流孔	灰尘嵌入溢流阀座、阀杆动作不良、膜片破裂；精密减压阀有微漏是正常的
油雾器体	密封垫不良
油雾器调节针阀	针阀阀座损伤，针阀未紧固
油雾器油杯	油杯龟裂
换向阀阀体	密封不良、螺钉松动、压铸件不合格
油雾器体	密封垫不良
油雾器调节针阀	针阀阀座损伤，针阀未紧固
油雾器油杯	油杯龟裂
换向阀阀体	密封不良、螺钉松动、压铸件不合格
换向阀排气口漏气	密封不良、弹簧折断或损伤，灰尘嵌入，气缸的活塞密封圈密封不良、气压不足
安全阀出口侧	压力调整不符合要求、弹簧折断，灰尘嵌入，密封圈损坏
快排阀漏气	灰尘嵌入，密封圈损坏
气缸本体	密封圈磨损、螺钉松动，活塞杆损伤

表 8-3　每季度的维护工作

元件	维护内容
自动排水器	能否自动排水、手动操作装置能否正常动作
过滤器	过滤器两侧压差是否超过允许压降

元件	维护内容
减压阀	旋转手柄,压力可否调节。系统压力为零时,压力表指针能否回零
压力表	观测压力表指示值是否正常
安全阀	使压力高于设定压力,观察安全阀能否溢流
压力开关	在最高和最低设定压力,观测压力开关能否正常动作
换向阀的排气口	查油雾的喷出量,有无冷凝水排出,有无漏气
电磁阀	线圈温升、切换动作是否正常
速度控制阀	调节节流阀开度,能否对气缸速度进行有效调节
气缸	动作是否平稳,速度及循环周期有无明显变化,气缸安装架是否松动和异常变形,活塞杆连接有无松动、漏气,活塞杆表面有无锈蚀、划伤、偏磨
空压机	入口过滤网是否堵塞

第二节　做好气动系统的点检工作

一、什么叫点检?

为了维持气动生产设备的原有性能,通过人的五感(视、听、嗅、味、触)加上采用简单的工具、仪器,按照预先制定的技术标准、周期和方法,对设备上的规定部位(点)进行有无异常的预防性周密检查的过程,以使设备的缺陷和故障隐患能够得到早期发现,早期预防,早期处理,这样对设备进行的检查称为点检。

点检按照预先制定的技术标准,定点、定人、定期地对设备进行精心地、逐项地周密检查,找出设备的异常状况,及时发现设备的缺陷和隐患,掌握设备故障的初期信息,以便及时采取对策,做到"防故障于未然",保持设备性能的高度稳定。点检是可将设备故障消灭在萌芽状态的一种设备管理方法。

"点"指的是设备关键部位或薄弱环节,往往是设备的故障高发点;"检"指的是可以利用人的感官或简单的工具、仪器进行的检查工作。

1. 设备点检工作应执行"五定"

① 定点：设定检查的部位、项目和内容。

② 定法：确定点检检查方法。

③ 定标：制定维修标准。

④ 定期：设定检查的周期。

⑤ 定人：确定点检项目的实施人员。

2. 点检工作的重要性

点检工作实际上是一项日常的预防保养的管理工作，为了预防事故的发生，点检工作很重要。这项工作做好了，能够防患故障于未然，减少突发事故的发生。

① 做好点检工作，可减少故障的发生，降低因故障而造成的停机时间，促进生产；

② 做好点检工作，可预先采取相关措施，减少维修时的工时数；

③ 做好点检工作，可降低气动设备加工的次品率；

④ 做好点检工作，可简化备用零件的库存管理；

⑤ 做好点检工作，可确保操作者的安全。

二、气动系统的点检与定检的实施

1. 气动系统点检工作中要定期检查各类"点"

气动系统点检工作中的检查"点"如表 8-4 所示。

表 8-4 气动系统点检工作中的检查"点"

元件	点检管理项目	点检保养周期									备注
		每天	每周	每月	半年	每年	每两年	动作次数		动作距离	
								100万次	500万次	1000公里	2000公里	
空压机	空压机油	○										指定用油
	吸气过滤器			○								清洗干净
气罐	排出冷凝水	○										

元件	点检管理项目	点检保养周期										备注
		每天	每周	每月	半年	每年	每两年	动作次数		动作距离		
								100万次	500万次	1000公里	2000公里	
主管路过滤器	排出冷凝水	○										
	滤芯脏污				○							差压超过0.07MPa时必须更换
冷冻式空气干燥器	制冷剂压力计	○										运行时显示绿色带
	排出冷凝水	○										
	冷凝器脏污	○										清除筛眼的堵塞
空气过滤器	排出冷凝水	○										
	滤芯脏污				○							
减压阀	调压确认	○										确认压力计是否损伤
油雾器	油滴数量	○										
	油面高度	○										不足时加入ISO VG32标准规定的油
电磁阀	排气口异常空气泄漏					○		○				拆卸时,涂锂基润滑酯
速度控制阀	气缸的设定速度			○			○					
气缸	活塞杆处空气泄漏			○				○		○		拆卸时,涂锂基润滑酯
	安装工具等松动			○								

注:1. 本表中只填入了重要项目,详细情况请参考各自的使用说明书。

2. 请在每天开始运行时检查冷冻式空气干燥器的制冷剂压力表和冷凝器的脏污情况。

2.气动系统点检工作中的"检"

气动系统点检工作中的"检"主要包括管路系统点检与气动元件的定检两部分的点检。

(1) 管路系统点检　主要内容是对冷凝水和润滑油的管理。冷凝水的排放，一般应当在气动装置运行之前进行。但是当夜间温度低于 0℃时，为防止冷凝水冻结，气动装置运行结束后，应开启放水阀门排放冷凝水。补充润滑油时，要检查油雾器中油的质量和滴油量是否符合要求。此外，点检还应包括检查供气压力是否正常，有无漏气现象等。

(2) 气动元件的检查元件及检查内容

① 过滤器：水杯是否有损伤；滤芯两端压降是否大于运行值；自动排水器动作是否正常；压力表指示有无偏差。

② 减压阀、安全阀：阀座密封垫是否损伤；膜片有无破损；弹簧有无损伤或锈蚀；喷嘴是否堵住；压力表读数是否在规定范围内；调压阀盖或锁紧螺母是否锁紧；有无漏气。

③ 压力继电器：在调定压力下动作是否可靠；校验合格后，是否有铅封或锁紧；电线是否损伤，绝缘是否可靠。

④ 油雾器：油杯有无损伤；观察窗有无损伤；喷油管及吸油管有无堵塞；油杯内油量是否是够，润滑油是否变色、混浊，油杯底部是否沉积有灰尘和水；滴油量是否合适。

⑤ 换向阀：电磁阀外壳温度是否过高；电磁线圈绝缘性能是否符合要求，有无被烧毁；电压是否正常，连接电线是否有损伤；铁芯有无生锈，分磁环有无松动，密封垫有无松动；弹簧有无锈蚀或损伤；阀座密封垫是否损伤；阀芯有无磨损；密封圈有无变形或损伤；滚轮、杠杆和凸轮有无磨损和变形；电磁阀动作时，工作是否正常。

⑥ 气缸：气缸行程到末端时，通过检查阀的排气口是否有漏气来确诊电磁阀是否漏气；气缸动作时有无异常声响；

活塞杆与端面之间是否有漏气声；缸筒内表面和活塞杆外表面的电镀层有无脱落、划伤、异常磨损、变形；活塞杆有无变形或损伤，导向套偏磨是否大于 0.02mm；活塞和活塞杆连接处有无松动、裂纹；缓冲节流阀有无变形或损伤，缓冲效果是否合乎要求；气缸管接头、配管是否划伤、损坏，紧固螺栓及管接头是否松动；通过检查排气口是否被油润湿，或排气是否会在白纸上留下油雾斑点来判断润滑是否正常；密封圈有无变形或损伤，润滑脂是否要补充。

3. 点检工作中的修理工作

(1) 点检工作中的修理工作包括日修与定修两项

① 日修：不需要在主作业线停产条件下进行的计划检修称为日修，日修包括对小零件的修理和更换。日修计划的来源为点检计划和设备隐患的内容等。日修不影响全厂生产计划，可在平日实施，日修的日期与时间由各厂（车间）自定。日修计划由点检员提前 1 周编制。

② 定修：凡必须在主作业线停产条件下进行的，或对主作业线生产有重大影响的设备，按年度设定的周期进行的计划检修称为定修。定修的日期是固定的，每次定修时间一般不超过 24 小时，定修计划的来源为周期管理项目、劣化倾向管理项目、点检结果、设备生产安全改善、技改项目、上次检修遗留项目等。定修计划由点检组长提前 10~20 天编制。

(2) 修理工作中的气动元件的拆装

① 拆卸。拆卸前，应清扫元件和装置上的污染物，保持环境清洁。确认被驱动物体已进行了防止落下处置和防止暴走处置之后，必须切断电源和气源，确认压缩空气已全部排出后方能拆卸。仅关闭截止阀，系统中不一定已无压缩空气，因有时压缩空气被堵截在某个部位，所以必须认真分析检查各部位，并设法将余压排尽。如观察压力表是否回零，调节电磁先导阀的手动调节杆排气等。

拆卸时，要慢慢松动每个螺钉，以防元件或管道内有残压。一面拆卸，一面逐个检查零件是否正常。应按组件为单位进行拆卸。滑动部分的零件（如缸筒内表面、活塞杆外表面）绝对不要划伤，要认真检查，要注意各处密封圈和密封垫的磨损、损伤和变形情况。要注意节流孔、喷嘴和滤芯的堵塞情况。要检查塑料和玻璃制品有无裂纹或损伤。拆卸时，应将零件按组件顺序排列，并注意零件的安装方向，以便之后装配。配管口及软管口必须用干净布保护，防止灰尘及杂物混入。

更换的零件必须保证质量。锈蚀、损伤、老化的元件不得再用。必须根据使用环境和工作条件来选定密封件，可以参见表 8-5 与表 8-6，以保证元件的气密性和稳定地进行工作。

表 8-5　密封与温度、润滑剂的关系

适用温度/℃		密封件（动密封、静密封、防尘圈）		润滑剂
		形状	材料	
高温用	>150～200	与厂家协商		硅润滑脂、硅油、二硫化钼
	>120～150	O 形圈、X 形圈、U 形圈、V 形圈、L 形圈、防尘圈、其他	氟橡胶四氟乙烯树脂（含填料）	石油基液压油、硅润滑脂、硅油、二硫化钼
	>100～120			
	>60～100			石油基液压油、高温润滑脂、硅润滑脂、硅油、二硫化钼
一般用	60～-5		丁腈橡胶[①]聚氨酯橡胶四氟乙烯树脂（含填料）	石油基液压油[①]、普通润滑脂、硅润滑脂、硅油、二硫化钼
低温用	<-30～-5		低温用丁腈橡胶[①]低温用聚氨酯橡胶四氟乙烯树脂（含填料）	石油基低黏度液压油[①]，MIL-H-5606 低温润滑脂[①]，硅润滑脂、硅油、二硫化钼
	<-40～-30			
	<-55～-40			MIL-H-5606，硅润滑脂，硅油、二硫化钼
	<-60～-55	与厂家协商		硅润滑脂、硅油、二硫化钼

① 丁腈橡胶与有关油品也有不相容的情况。

② 装配。对拆下来准备再用的零件，装配前应放在清洗液中清洗。不得用汽油等有机溶剂清洗橡胶件和塑料件，推荐使用优质煤油清洗。

表 8-6　密封材料在不同环境中的特性

密封材料			丁腈橡胶	氟橡胶	聚氨酯橡胶	四氟乙烯树脂（含填料）
气体	二氧化硫	淡雾气	△	△	△	○
		浓雾气	×	×	△	○
	硫化氢		○	△	○	○
	氟化氢		○	○	×	○
	氯气		×	○	×	○
	氨气		△	×	△	○
	一氧化碳		○	○	○	○
	丙酮气		○	×	×	○
	氮气		○	○	○	○
	臭氧		△	○	○	○
	湿度 100%		○	○	△	○
液体	水、海水，次氯酸钠		○	○	△	○
	过氧化氢		○	○	○	○
	丙酮		×	×	×	○
光线	杀菌用紫外线		×	○	○	○
	放射线	$10^7\gamma$ 以上场合	△	△	△	×
		$10^6\gamma$ 未满场合	○	△	△	△
		$10^5\gamma$ 未满场合	○	○	○	△

注：○—能用，△—由使用条件决定能否用，×—不能用。

　　因为平时都会给机械加些润滑剂等有机物，根据相似相融原理，一般只有有机物才能溶解这些润滑剂，而煤油就可以很好地溶解它们，从而起到清洗的作用；机械零件都是金属，用其他溶剂清洗它会产生破坏，比如用水洗可能会生锈，而用酸或碱或盐都可能发生化学反应而破坏零件，而有机物是不会和金属发生化学反应的。另外煤油挥发性好，洗完后一会儿零件上就没有煤油了。

　　零件清洗后，不准用棉丝、化纤品擦干，可用干燥清洁空气吹干。涂上润滑脂，以组件为单位进行装配。注意不要漏装密封件，不要将零件装反。螺钉、螺母拧紧力矩应均匀，力矩大小应合理。

安装密封件时应注意：有方向的密封圈不得装反；密封圈不得装扭；为容易安装，可在密封圈上涂敷润滑脂；要保持密封件清洁，防止棉丝、纤维、切削末、灰尘等附着在密封件上。安装时，应防止沟槽的棱角处、横孔处碰伤密封件。与密封件接触的配合面不能有毛边，棱角应倒圆。塑料类密封件几乎不能伸长，橡胶密封件也不要过度拉伸，以免产生永久变形。在安装带密封圈的部件时，注意不要碰伤密封圈。螺纹部分通过密封圈，可在螺纹上卷上薄膜或使用插入用工具。活塞插入缸筒等筒壁上开孔的元件时，孔端部应倒角 $15°\sim30°$。配管时，应注意不要将灰尘、密封材料碎片等污染物带入管内。

维修安装后，再启动时，要确认已进行了防止活塞杆急速伸出的处置后，再接通气源和电源，进行必要的功能检查和漏气检查，不合格者不能使用。检修后的元件一定要试验其动作情况。譬如对气缸，开始将其缓冲装置的节流部分调到最小，然后调节速度控制阀，使气缸以非常慢的速度移动，逐渐打开节流阀，使气缸达到规定速度。这样便可检查气阀、气缸的装配质量是否合乎要求。若气缸在最低工作压力下动作不灵活，必须仔细检查安装情况。缓慢升压到规定压力，应保证升压过程直至达到规定压力都不漏气。保证安装正确后才能投入使用。

第三节 气动系统的故障分析及排除方法

一、故障诊断方法

1.经验法

主要依靠实际经验，并借助简单的仪表，诊断故障发生的部位，找出故障原因的方法，称为经验法。经验法可按中医诊断病人的四字"望、闻、问、切"进行。

2. 推理分析法

利用逻辑推理，步步逼近，寻找故障的真实原因的方法称为推理分析法。

(1) 推理步骤　从故障的症状到找出故障发生的真实原因，可按以下三步进行：

① 从故障的症状，推理出故障的本质原因。

② 从故障的本质原因，推理出可能导致故障的常见原因。

③ 从各种可能的常见原因中，推理出故障的真实原因。

(2) 推理方法　推理的原则是：由简到繁、由易到难、由表及里地逐一进行分析，排除掉不可能的和非主要的故障原因；对故障发生前曾调整或更换过的元件先查，优先查出故障率高的常见原因。

3. 仪表分析法

利用仪表仪器，如压力表、差压计、电压表、温度计、电秒表及其他电子仪器等，检查系统或元件的技术参数是否合乎要求。

4. 部分停止法

暂时停止气动系统中部分工作，观察对故障征兆的影响。

5. 试探反证法

试探性地改变气动系统中部分工作条件，观察对故障征兆的影响。

6. 比较法

用标准的或合格的元件代替系统中相同的元件，通过工作状况的对比，来判断被更换的元件是否失效。

二、气动系统空气中三大类杂质产生的故障及排除方法

大类杂质指的是介质中的水分、油脂及粉尘等杂质。

1. 水分对气动装置产生的故障及排除方法

(1) 水分对气动装置产生的故障　水分是由压缩机吸入的湿空气中所含有的。当冷却后便会有水滴生成。水分会使气动元件氧化生锈，影响气动元件的工作，也会污染食品和医疗器械等。介质中水分造成的故障见表8-7。

表 8-7　介质中水分造成的故障

故障	原因
管道故障	① 使管道内部生锈 ② 使管道腐蚀造成空气漏损、容器破裂 ③ 管道底部滞留水分引起流量不足、压力损失过大
元件故障	① 因管道生锈加速过滤器网眼堵塞,过滤器不能工作 ② 管内锈屑进入阀的内部:引起动作不良,泄漏空气 ③ 锈屑能使执行元件咬合,不能顺利地运转 ④ 直接影响气动元件的零部件(弹簧、阀芯、活塞杆、活塞等)受腐蚀,引起转换不良、空气泄漏、动作不稳定 ⑤ 水滴侵入阀体内部,引起动作失灵 ⑥ 水滴进入执行元件内部,使其不能顺利运转 ⑦ 水滴冲洗掉润滑油,造成润滑不良,引起阀动作失灵,执行元件运转不稳定 ⑧ 阀内滞留水滴引起流量不足,压力损失增大 ⑨ 因发生水击现象引起元件破损
对环境的影响	因从换向阀排气口向外界放出污水、污染环境

（2）介质中水分的排除办法　要想彻底清除由于介质中含水分引起的故障，必须在介质中彻底清除水分。

为排除水分，把经压缩机压缩后温度上升的空气，尽快冷却下来析出水滴，需在压缩机出口处安装后冷却器。在空气输入主管道的地方应装上管路过滤器清除水分，此外在水平管道安装时，要保留一定倾斜度，并在末端设置冷凝水积留处，让空气流动过程中产生的冷凝水沿斜管流到积水处经排水阀排水。为了进一步清除水分，有时要安装干燥器。其除水方法有多种：

① 吸附除水，用吸附能力强的吸附剂如硅胶、铝胶和分子筛等。

② 压力除湿法，利用提高压力缩小体积，降温使水滴析出。

③ 机械除水法，利用机械阻挡和旋风分离的方法，析出水滴。

④ 冷冻法，利用制冷设备使空气冷却到露点以下，使水汽凝结成冰析出。

2.油分对气动装置产生的故障及排除方法

（1）油分引起气动装置的故障　油分是由于压缩机使用的一部

分润滑油呈雾状混入压缩空气中，再受热气化随压缩空气一起输送出去。这里所指的油分是一度用过，因受热而变质的润滑油。

介质中的油分会使橡胶、塑料、密封材料变质，喷嘴孔堵塞，食品医疗器污染。见表8-8。

表8-8 介质的油分会引起的故障

故障	原因及后果
使密封圈变形	① 引起密封圈收缩、空气泄漏、阀动作不良，及执行元件输出力不足 ② 引起密封圈泡胀、膨胀、摩擦力增大，使阀不能动作，使执行元件输出力不足 ③ 引起密封圈硬化，摩擦面早期磨损使空气泄漏 ④ 因摩擦力增大使阀和执行元件动作不良
污染环境	① 食品、医药品直接和空气接触时有碍卫生 ② 防护服、呼吸器等空气直接接触人体的场所危害人体健康 ③ 工业原料化学药品直接接触空气的场所使原料化学药品的性质变化 ④ 工业炉等直接接触火焰的场所有引起火灾的危险 ⑤ 使用空气的计量测试仪器会因喷嘴挡板节流口堵塞，仪器因油污染而失灵 ⑥ 射流逻辑回路中射流元件内部小孔被油堵塞，元件失灵 ⑦ 要求极度避忌油的环境，从阀、执行元件的密封部分渗出的油以及换向阀排气中含有油雾会污染环境

（2）介质中油分的清除方法　主要采用除油滤清器。空气中含有的油分包括雾状粒子、溶胶状粒子以及更小的具有油质气味的粒子。雾状油粒子可用离心式滤清器清除，但是比它小的油粒子就难以清除。更小粒子可用活性炭的活性作用吸收油脂的方法，也可用多孔滤芯使油粒子通过纤维层空隙时，相互碰撞逐渐变大而清除。

3.粉尘对气动装置产生的故障及排除方法

（1）粉尘对气动装置引起的故障　由于工作环境不同，粉尘会由于压缩机吸入有粉尘的介质而流入气动装置中。它会引起气动元件的摩擦副损坏，增加摩擦力，也会引起气体泄漏，甚至引起控制元件动作失灵、执行元件推力降低。介质中粉尘引起的故障见表8-9。

表 8-9　介质中粉尘引起的故障

故障	原因及后果
粉尘进入控制元件	① 使控制元件摩擦副磨损,甚至卡死,动作失灵不能换向 ② 影响调压的稳定性
粉尘进入执行元件	① 使执行元件摩擦副损坏甚至卡死,动作失灵 ② 降低输出力
粉尘进入计量测试仪器	使喷嘴挡板节流孔堵塞,仪器因油污染而失灵
粉尘进入射流回路中	射流元件内部小孔被堵塞,元件失灵

（2）介质中粉尘的排除方法　当压缩机吸入空气时,同时吸入大气中的粉尘,此外还有管道内产生的粉尘如锈蚀粉屑、切削屑、密封材料碎屑等。排除的方法主要是采用空气滤清器安装在压缩机吸气口减少进入压缩机中气体的灰尘量。在气体进入气动装置前还可设置过滤器进一步过滤灰尘杂质。

三、气源故障及排除方法

气源的常见故障包括：空压机故障、减压阀故障、压缩空气处理组件故障等

空压机故障有止逆阀损坏、活塞环磨损严重、进气阀片损坏和空气过滤器堵塞等。

若要判断止逆阀是否损坏,只需在空压机自动停机十几秒后,将电源关掉,用手盘动大胶带轮,如果能较轻松地转动一周,则表明止逆阀未损坏；反之,止逆阀已损坏。另外,也可从自动压力开关下面的排气口的排气情况来进行判断,一般在空压机自动停机后应在十几秒左右后就停止排气,如果一直在排气直至空压机再次启动时才停止,则说明止逆阀已损坏,须更换。当空压机的压力上升缓慢并伴有串油现象时,表明空压机的活塞环已严重磨损,应及时更换。当进气阀片损坏或空气过滤器堵塞时,也会使空压机的压力上升缓慢（但没有串油现象）。检查时,可将手掌放至空气过滤器的进气口上,如果有热气向外涌,则说明进气阀处已损坏,须更换。如果吸力较小,一般是空气过滤器较脏所致,应清洗或更换过

滤器。

　　减压阀的故障有压力调不高，或压力上升缓慢等。压力调不高，往往是因调压弹簧断裂或膜片破裂而造成的，必须换新；压力上升缓慢，一般是因过滤网被堵塞引起的，应拆下清洗。

　　管路故障有管路接头处泄漏、软管破裂、冷凝水聚集等。管路接头泄漏和软管破裂时可从声音上来判断漏气的部位，应及时修补或更换；若管路中聚积有冷凝水时，应及时排掉，特点是在北方的冬季冷凝水易结冰而堵塞气路。

　　压缩空气处理组件（三联体）的故障包括油水分离器故障、调压阀和油雾器故障。

　　油水分离器的故障中又分为，滤芯堵塞、破损，排污阀的运动部件动作不灵活等情况。工作中要经常清洗滤芯，除去排污器内的油污和杂质。调压阀的故障与上述"减压阀的故障"相同。

四、气动执行元件（气缸）的故障及排除方法

　　气动执行元件（气缸）的故障是指由于气缸装配不当和长期使用，气动执行元件（气缸）损坏等故障现象。

　　① 气缸出现内、外泄漏：一般是因活塞杆安装偏心，输出力不足和动作不平稳，缓冲效果不良，活塞杆和缸盖损伤，润滑油供应不足，密封圈和密封环磨损或损坏，气缸内有杂质及活塞杆有伤痕等造成的。所以，当气缸出现内、外泄漏时，应重新调整活塞杆的中心，以保证活塞杆与缸筒的同轴度。须经常检查油雾器工作是否可靠，以保证执行元件润滑良好。当密封圈和密封环出现磨损或损坏时，须及时更换。若气缸内存在杂质，应及时清除。活塞杆上有伤痕时，应换新。

　　② 气缸的输出力不足和动作不平稳：一般是因活塞或活塞杆被卡住、润滑不良、供气量不足或缸内有冷凝水和杂质等而造成的。

　　对此，应调整活塞杆的中心，检查油雾器的工作是否可靠，供气管路是否被堵塞。当气缸内存有冷凝水和杂质时，应及时清除。

　　③ 气缸的缓冲效果不良：一般是因缓冲密封圈磨损或调节螺

钉损坏所致。此时，应更换密封圈和调节螺钉。

④ 气缸的活塞杆和缸盖损坏：一般是因活塞杆安装偏心或缓冲机构不起作用而造成的。对此，应调整活塞杆的中心位置，更换缓冲密封圈或调节螺钉。

五、换向阀故障及排除方法

换向阀的故障有：阀不能换向或换向动作缓慢、气体泄漏、电磁先导阀有故障等。

① 换向阀不能换向或换向动作缓慢：一般是因润滑不良、弹簧被卡住或损坏、油污或杂质卡住滑动部分等原因引起的。对此，应先检查油雾器的工作是否正常，润滑油的黏度是否合适。必要时，应更换润滑油，清洗换向阀的滑动部分或更换弹簧和换向阀。

② 换向阀经长时间使用后易出现阀芯密封圈磨损、阀杆和阀座损伤的现象，导致阀内气体泄漏，阀的动作缓慢或不能正常换向等故障。此时，应更换密封圈、阀杆和阀座或将换向阀换新。

③ 电磁阀不能正常换向的故障：进、排气孔被油泥等杂物堵塞，封闭不严，活动铁芯被卡死，电路出现故障等，均可导致换向阀不能正常换向。对前3种情况应清洗先导阀及活动铁芯上的油泥和杂质。而电路故障一般又分为控制电路故障和电磁线圈故障两类。在检查电路故障前，应先将换向阀的手动旋钮转动几下，看换向阀在额定的气压下是否能正常换向，若能正常换向，则是电路有故障。检查时，可用仪表测量电磁线圈的电压，看是否达到了额定电压，如果电压过低，应进一步检查控制电路中的电源和相关联的行程开关电路。如果在额定电压下换向阀不能正常换向，则应检查电磁线圈的接头（插头）是否松动或接触不实。方法是，拔下插头，测量线圈的阻值，如果阻值太大或太小，说明电磁线圈已损坏，应更换。

④ 当换向阀上装的消声器太脏或堵塞时，也会影响换向阀的灵敏度和换向可靠性，故要经常清洗消声器。

六、气动辅助元件故障及排除方法

气动辅助元件的故障主要有：油雾器故障、自动排污器故障、消声器故障等。

① 油雾器的故障：调节针的调节量太小、油路堵塞、管路漏气等都会使液态油滴不能雾化。对此，应及时处理堵塞和漏气的地方，调整滴油量，使其达到 5 滴/分钟左右。正常使用时，油杯内的油面要保持在上、下限范围之内。对油杯底部沉积的水分，应及时排除。

② 自动排污器内的油污和水分有时不能自动排除，特别是在冬季温度较低的情况下尤为严重。此时，应将其拆下并进行检查和清洗。

七、判断故障的一种有效实用方法——经验法

可按中医诊断病人的四字"望闻问切"进行。

① 望：如看执行元件的运动速度有无异常变化；各测压点的压力表显示的压力是否符合要求，有无大的波动；润滑油的质量和滴油量是否符合要求；冷凝水能否正常排出；换向阀排气口排出空气是否干净；电磁阀的指示灯显示是否正常；紧固螺钉及管接头有无松动；管道有无扭曲和压扁，有无明显振动存在；加工质量有无变化等。

② 闻：包括耳闻和鼻闻，如气缸 A 换向阀换向时有无异常声音；系统停止工作但尚未泄压时，各处有无漏气，漏气声音及其大小以及每天的变化状况；电磁铁线圈和密封圈有无过热而发出特殊气味等。

③ 问：即查阅气动系统的技术档案，了解系统的工作程序、运行要求及主要技术参数；查阅产品样本，了解每个元件的作用、结构、功能和性能；查阅维护检查记录，了解日常维护保养工作情况；访问现场操作人员，了解设备运行情况，了解故障发生前的征兆及故障发生时的状况，了解曾经出现过的故障及其排除方法。

④ 切：如触摸相对运动件的外部温度，电磁线圈的温升等，感觉烫手应查明原因；气缸、管道有无振动感，气缸有无爬行，各接头元件连接处有无漏气。

第四节 气动系统故障分析与排除实例

以 VMC1000 型数控加工中心自动换刀系统的故障分析与排除为例进行说明。

VMC1000 型加工中心自动换刀装置在换刀过程中的主轴定位、主轴松刀、拔刀、插刀、主轴锥孔吹气都是由气动系统实现的，VMC1000 型加工中心自动换刀装置的工作原理如图 8-1 所示，电磁铁的动作顺序如表 8-10 所示。其动作原理如下。

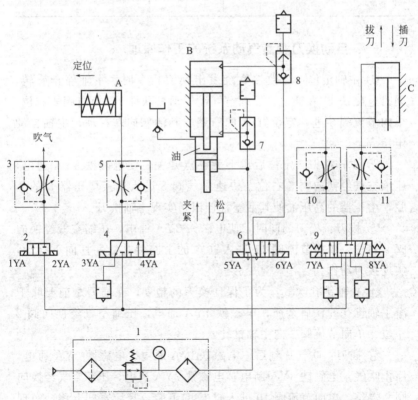

图 8-1 VMC1000 型加工中心的自动换刀系统原理图

1—气动三联件；2,4,6,9—换向阀；3,5,10,11—单向节流阀；7,8—快速
排气阀；A—定位缸；B—气液增压器；C—换刀缸

表 8-10　换刀过程中的电磁铁动作顺序表

动作	1YA	2YA	3YA	4YA	5YA	6YA	7YA	8YA
主轴定位			−	+				
主轴松刀					−	+		
拔刀							−	+
向主轴锥孔吹气	+	−						
插刀	−	+					+	−
刀具夹紧					+	−		
复位			+	−				

一、自动换刀装置气动系统的工作原理

① 主轴定位：当数控系统发出换刀指令时，主轴停止旋转，同时电磁铁4YA通电，压缩空气经气动三联件1、换向阀4右位、单向节流阀5进入定位缸A的右腔，其活塞向左移动，主轴自动定位。

② 主轴松刀：定位后压下无触点开关，使电磁铁6YA通电，压缩空气经换向阀6右位、快速排气阀8进入气液增压器B的上腔，增压器的高压油使其活塞杆伸出，实现主轴松刀。

③ 拔刀：松刀的同时，使电磁铁8YA通电，压缩空气经换向阀9右位、单向节流阀11进入缸C的上腔使其活塞杆向下移动，实现拔刀动作。

④ 主轴锥孔吹气：为了保证换刀的精度，在插刀之前要吹干净主轴锥孔的铁屑杂质，电磁铁1YA通电，压缩空气经换向阀2左位、单向节流阀3向主轴锥孔吹气。

⑤ 插刀：吹气片刻后，电磁铁1YA断电、电磁铁2YA通电，停止吹气。电磁铁8YA断电、电磁铁7YA通电，压缩空气经换向阀9左位、单向节流阀10进入缸C的下腔，其活塞杆上移，实现插刀动作。

⑥ 刀具夹紧：稍后，电磁铁6YA断电、电磁铁5YA通电，

压缩空气经换向阀 6 左位进入气液增压器 B 的下腔，其活塞退回，主轴的机械结构使刀具夹紧。

⑦ 复位：电磁铁 4YA 断电、电磁铁 3YA 通电，缸 A 的活塞在弹簧力的作用下复位，回复到初始状态，至此换刀结束。

二、自动换刀装置气动系统的故障的分析与排除方法

1. 气动系统故障排除步骤

解决数控机床上气动系统故障的三个步骤如下。

一是听：听气动系统回路各接头、管路、换向阀等是否有漏气的现象，如果有漏气会有"嘶嘶"气动声。听气动元件动作是否有异常的响声等。

二是看：看系统的总气压和各支路气压是否在正常的范围内，看执行机构是否动作、动作是否到位等。

三是查：查看气动原理图和电气原理图，依靠数控机床故障自诊断功能并结合数控机床 PLC 故障诊断分析方法，将故障定位到具体的气动元件，找出故障原因并解决。

2. 故障原因分析及排除方法

本气动系统的主要故障一般是指动作没有到位、运行缓慢、运行过快产生冲击不平稳，产生这些故障的主要原因是气动元件的密封环老化破损、气动元件润滑不良、换向阀阀芯卡死、气源潮湿有杂质、减压阀与流量阀调节失灵等。

【故障 1】各气缸的相应动作完成不了

图 8-1 中，定位缸 A 为弹簧复位的单作用缸，换刀缸 C 为双作用缸，松夹刀具的增压缸 B 为气液增压器，排除故障时先要参阅本书第四章的内容，弄清楚它们的工作原理、结构以及它们的故障排除方法。

（1）气缸内部漏气　气缸内密封圈破损或气缸内壁拉伤时，会造成：

① 定位缸 A 的气压腔的压缩空气漏往弹簧腔而导致气压腔的压力降低，从而不能可靠定位；

② 换刀缸 C 因缸内密封圈破损时会造成两腔串漏，从而导致

工作端的气压腔的压力降低，导致不能可靠拔刀与松刀；

③ 松夹刀具的气液增压器 B 因缸内密封圈破损时会造成下端油缸增压压力不够而不能可靠夹紧刀具。

此时应更换气缸内密封圈，气缸内壁拉伤时，进行修复或予以更换。

（2）气动系统压力太低　检查气动系统压力低的原因予以排除，使压力恢复正常；

（3）紧固螺栓及管接头松动　若松动，予以拧紧。

（4）气动换向阀未动作　例如电控阀的电磁铁未能通电、阀芯卡死等，予以排除。

【故障 2】有关缸的动作缓慢

速度与流量有关，造成气缸动作缓慢的原因与排除方法有。

① 供给气缸的流量不足：找出原因，加大供气量。

② 供给气缸的流量虽够，但内部泄漏大，造成有效流量不足：这主要与缸内密封破损有关，可更换合格密封。检查管道回路是否漏气，气动系统压力是否在正常范围内，气源质量是否符合要求等。

【故障 3】气缸动作不平稳、有冲击

① 缓冲部分调节失灵，如密封破损或性能差，缓冲调节螺钉损坏等，查明原因，予以排除。

② 调速阀调节不好，气缸速度太快，可调节调速阀，减小节流阀开口大小。

③ 气缸活塞润滑不良，应加强润滑，应例如增大油雾器的供油量。定期检查油雾器油杯中油量是否在规定范围内。每天要放掉过滤器储水杯的冷凝水并定期更换滤芯。

参考文献

[1] 李松晶，向东，张玮.轻松看懂液压气动系统原理图：双色精华版.北京：化学工业出版社，2016.

[2] 宁辰校.气动技术入门与提高.北京：化学工业出版社，2017.

[3] 陆望龙.典型液压气动元件结构 1200 例.北京：化学工业出版社，2018.

[4] 李丽霞，唐春霞.图解电气气动技术基础.北京：化学工业出版社，2017.

[5] 陆望龙.看图学液压维修技能.2 版.北京：化学工业出版社，2014.